U0370277

MANHUA KEJI SHI

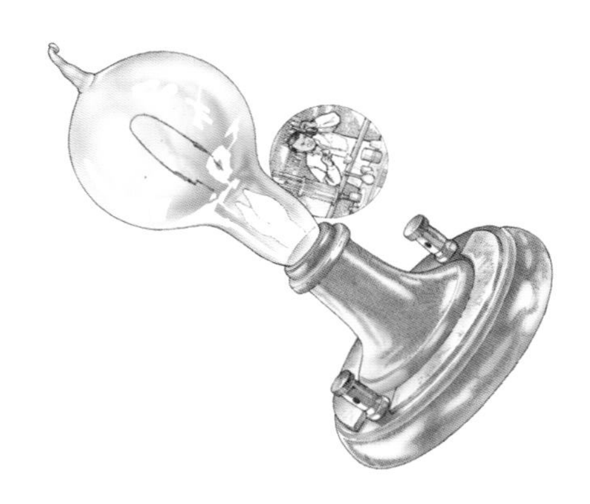

吉林美术出版社 | 全国百佳图书出版单位

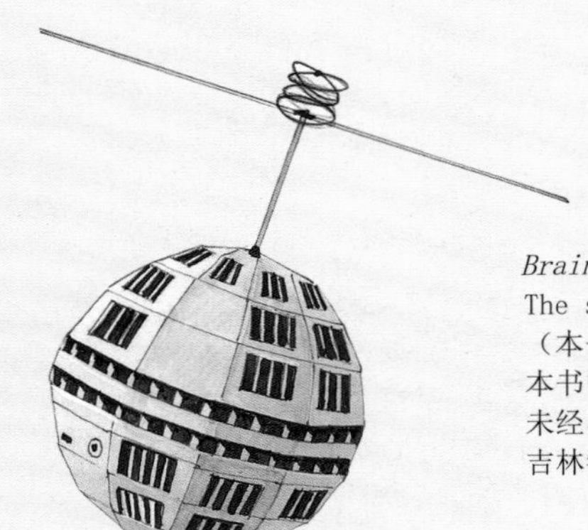

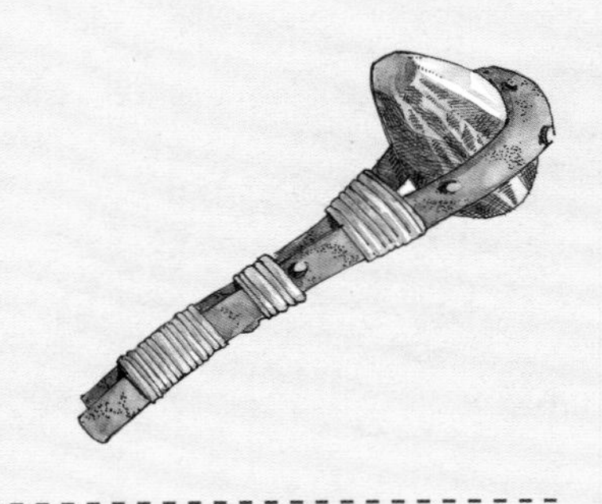

图书在版编目（CIP）数据

从钻木取火到新能源 /（英）大卫 · 斯图尔特著；（英）大卫 · 安歇姆等绘；刘瑜译 . -- 长春：吉林美术出版社，2022.8
（漫画科技史）
书名原文：Brain Power:What's the Big Idea
ISBN 978-7-5575-7277-8

Ⅰ . ①从… Ⅱ . ①大… ②大… ③刘… Ⅲ . ①能源 - 儿童读物 Ⅳ . ① TK01-49

中国版本图书馆 CIP 数据核字 (2022) 第 118598 号

MANHUA KEJI SHI　　CONG ZUANMU QUHUO DAO XIN NENGYUAN

漫画科技史　从钻木取火到新能源

作　　者　［英］大卫 • 斯图尔特 著
　　　　　［英］大卫 • 安歇姆 等 绘
　　　　　刘　瑜 译
出 版 人　赵国强
策划编辑　王丹平
责任编辑　王　巍
助理编辑　王文辉　刘　璐　张　彤　冷　梅
设计制作　车　会
开　　本　1020㎜×1260㎜　1/8
印　　张　8
印　　数　1—3000 册
字　　数　80 千字
版　　次　2022 年 8 月第 1 版
印　　次　2022 年 8 月第 1 次印刷
出版发行　吉林美术出版社
地　　址　长春市净月开发区福祉大路 5788 号（邮编：130118）
网　　址　www.jlmspress.com
印　　刷　吉林省吉广国际广告股份有限公司
书　　号　ISBN 978-7-5575-7277-8
定　　价　59.00 元

MULU
目录

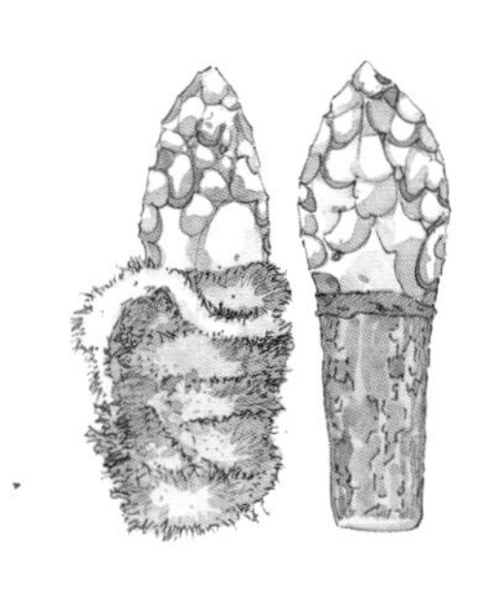

捕猎催生的智慧……6

人类的第一座城市……8

古埃及的金字塔……10

古希腊的民主……12

古罗马的文明……14

神秘的中国文明……16

古老的欧洲文献……18

中世纪的城堡……20

越建越高的建筑……22

文艺复兴……24

新航道，新大陆……26

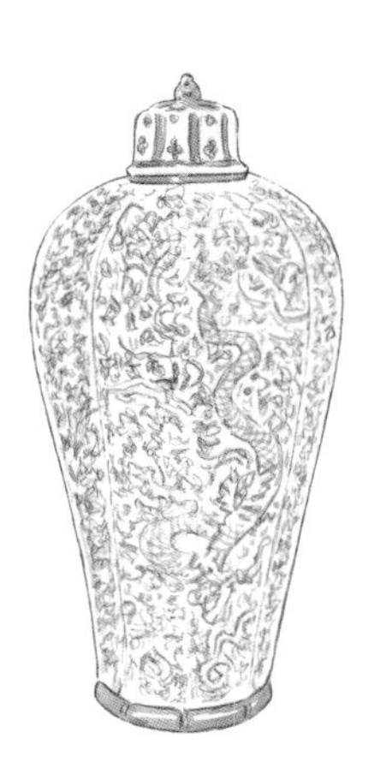

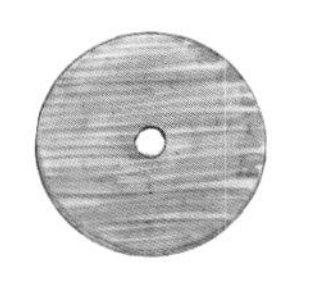

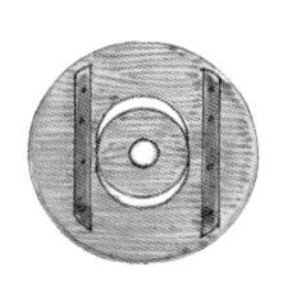

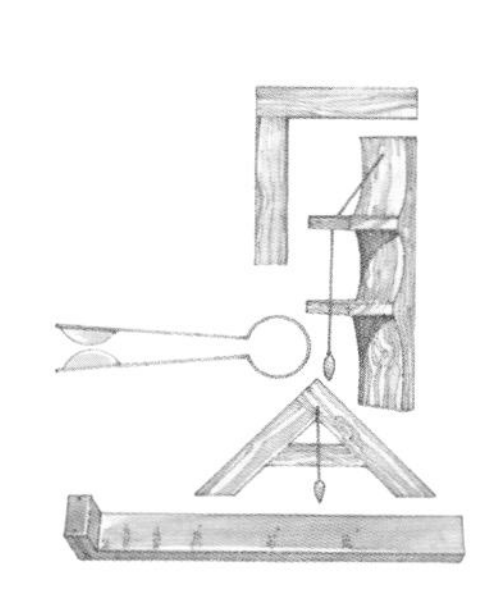

MULU
目录

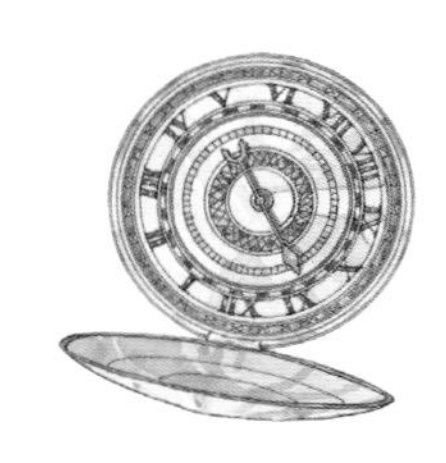

科学打开新视野······························28

大机器需要大动力··························30

新蒸汽动力时代····························32

电力革命·····································34

火车和铁轨··································36

工厂和工具··································38

繁华的城市··································40

新通信时代··································42

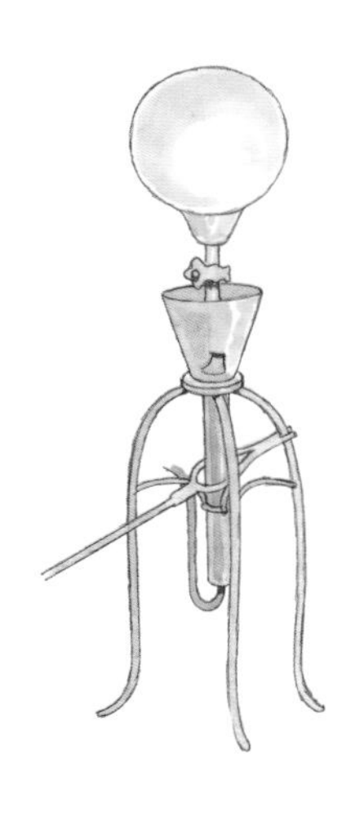

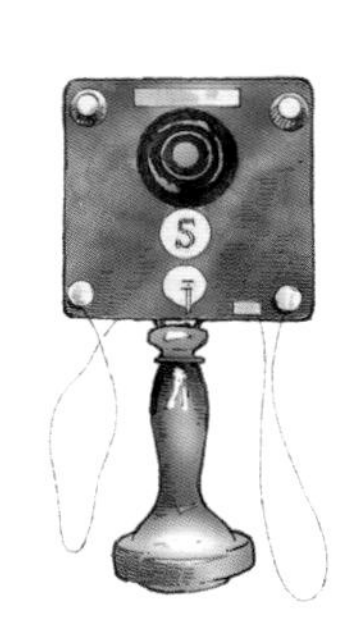

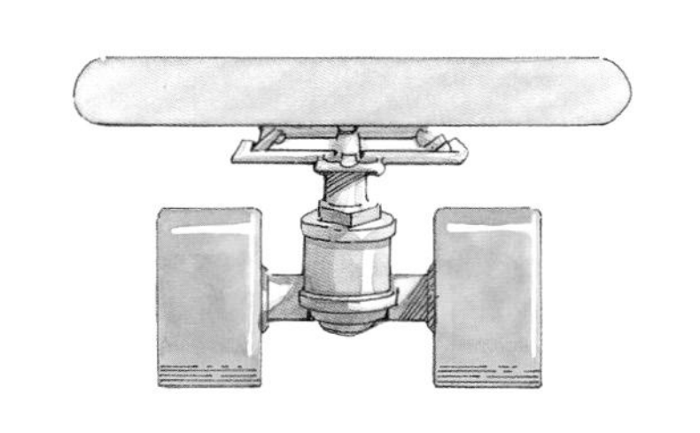
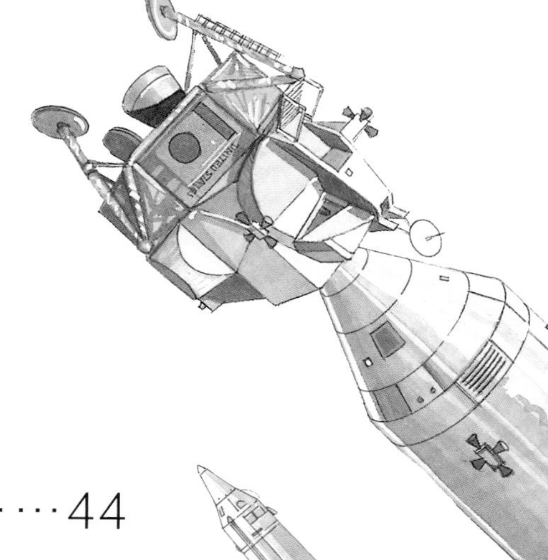
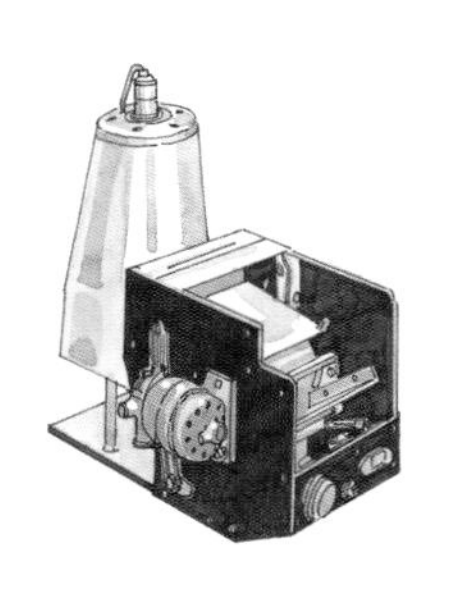

终于飞上天……44

科技的新变化……46

广播和电视……48

大型跨国工业……50

步入太空……52

登陆月球……54

电脑进入家庭……56

人类的新疆域……58

互联网时代……60

进入21世纪……62

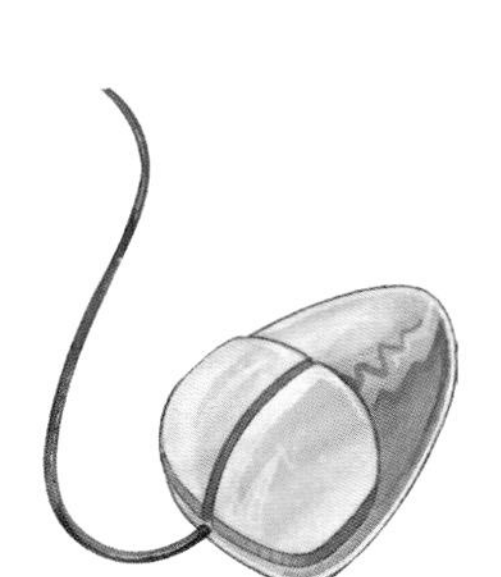

捕猎催生的智慧

请大家想象这样一个场景：一个人蹲在地上，正在用石头使劲砸骨头。骨头终于被砸碎了，可他的手指却变得伤痕累累。在舔血的时候，他想："如果石头可以割伤我，那它岂不是也能切割其他东西吗？"

难道这就是60万年前石器时代我们的祖先把石头当刀来使用的开端吗？如果是这样的话，刀应该是一种发现而不是发明。但是关于弓箭的发明可不是什么偶然，大约在公元前3万年，弓箭第一次在非洲被使用。当时的人们可能花了很多年的时间来了解哪些木材和纤维能制造出最具杀伤力的武器。

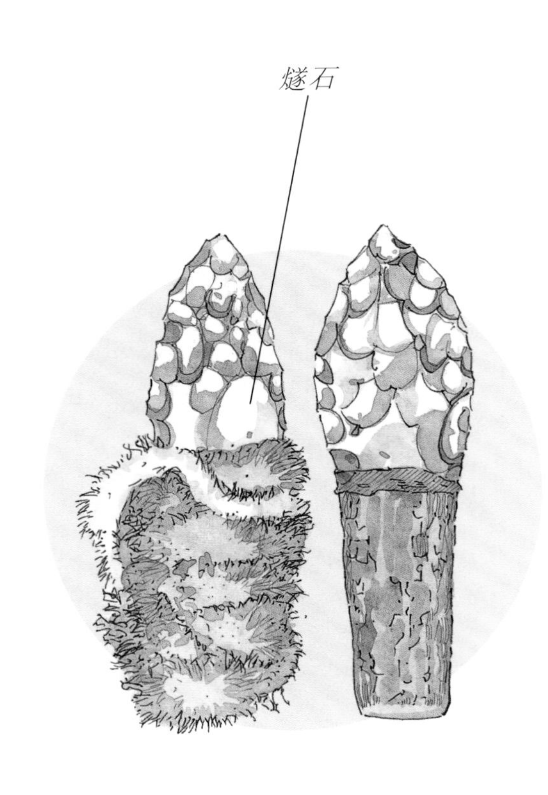

燧石容易削磨，能做成锋利的刀刃。石器时代的大多数刀具都是用燧石做成的。

石器时代的人们是游牧猎人，每天都在辽阔空旷的平原上追逐野兽。远远地，他们就能用矛、弓、箭、棍或投石器把猎物制服。

人们通过有计划的打猎方式抓住猛犸象。首先，他们挖一个很深的坑，并将坑用树枝和草覆盖住，然后把最弱小的猛犸象赶进陷阱，再用石头砸，用矛戳，直至将它杀死。

时间和事件

公元前 75 万年

人们在法国马赛附近的埃斯卡勒洞穴内发现了壁炉，这表明直立人（一种早期人类）已经会使用火了。

公元前 20 万年

智人在非洲出现。

公元前 7 万年

现代人开始离开非洲，到欧洲和南亚定居。

公元前 5.5 万年

第一批人类到达澳大利亚。在随后的5000年间，当地的许多物种因人类而灭绝。

公元前 4.7 万年

一颗直径为45米的小行星穿过大气层，击中了现在的美国亚利桑那州所在的地区。那次撞击产生的威力相当于10颗氢弹同时爆炸，留下了直径为1.5千米的陨石坑。

公元前 3 万年

旧石器时代的中欧和法国人在动物骨头上、象牙上和石头上记录数字。

发明和发现

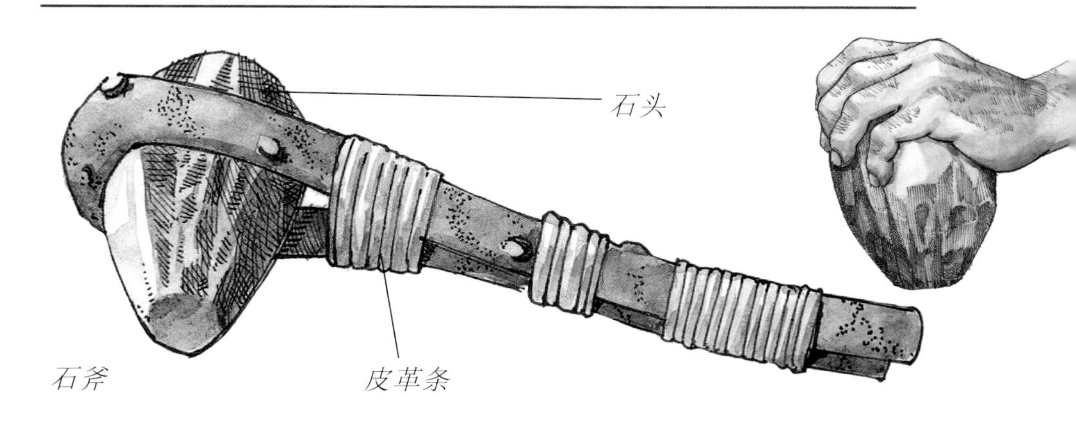

石斧

公元前25万年，欧洲、亚洲和非洲开始使用石斧。石斧的头儿与木柄用皮革条绑在一起。比起没有手柄的斧子，有手柄的斧子使用起来更容易控制，因此成了更有用的工具。

灯

已知的最古老的灯已经有1.7万岁了，它由一块挖空的石头做成，里面盛放着一块动物油脂、一根用苔藓制成的灯芯。

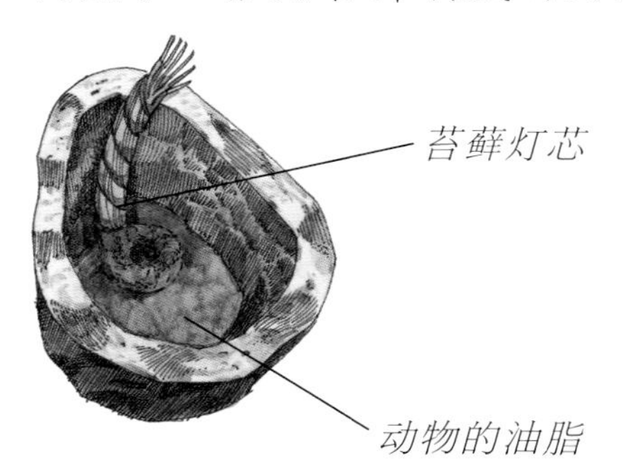

公元前5万年，用空心芦苇喷绘

钻木取火

史前的人类把一根木棍立在一块木头上转动，摩擦取火。

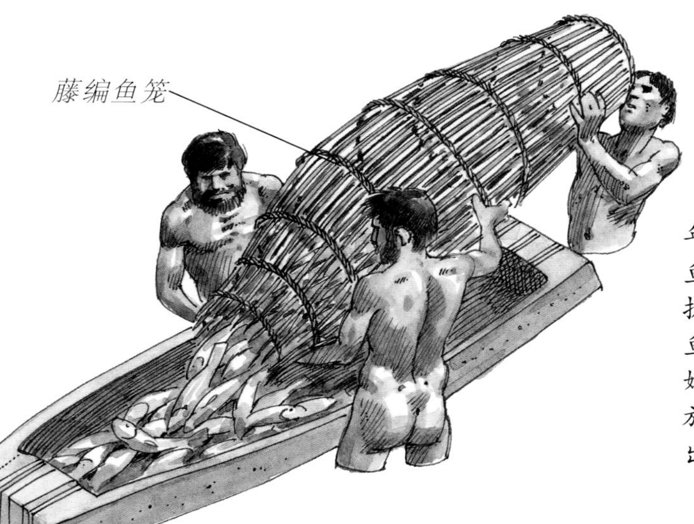

鱼笼

公元前8000年，用鱼笼与钓鱼线比用长矛能抓到更多的鱼。鱼笼是用木条和嫩枝编制而成的，放在小溪水流的出口处。

人类的第一座城市

大约在公元前 8000 年，在我们现在叫作中东的地方有一个苏美尔人的游猎部落，他们逐渐定居下来之后开始耕种，并沿着河岸建造村庄，这些村庄最终发展成人类的第一座城市。苏美尔人还在美索不达米亚（位于今伊拉克境内）建立了几个城邦。城市的统治者建立了政府，并制定了税收制度，然后用征来的税钱支付建设公共建筑和灌溉系统的费用。他们用楔形文字来记录税款，楔形文字是人类已知的最早的书写文字。

时间和事件

公元前 1.1 万年到前 9500 年

覆盖着北美、欧洲和亚洲的冰原融化，世界上最后一个冰河时代结束。

公元前 7000 年

有围墙的定居点在中东的杰里科出现。

公元前 5500 年

中国农民开始在中国东部的黄河流域种植水稻。

公元前 5000 年

海平面上升，淹没了英国和欧洲之间的大陆桥。

公元前 5000 年

第一个城邦在美索不达米亚建立。

公元前 3000 年

生活在印度河流域（位于今巴基斯坦境内）的人们开始用棉花做衣服。

公元前 2500 年

居住在南美洲秘鲁安第斯山脉上的农民种植土豆。陶艺和金属加工技术在农业交流中得以传播。

人类创造了什么？
轮子

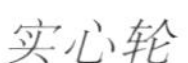
实心轮

木板轮

半实心轮

辐条轮

最早的轮子是用从树干上砍下来的实心木段做成的，后来有了用木头或金属支架横在中间的木板轮子。为了减轻轮子的重量，聪明的人类挖掉越来越多的木料，大约在公元前 2000 年，轮子终于演变成我们现在仍在使用的辐条轮。

驯养动物

起初，人类捕猎一些动物幼崽来饲养，可能只是想把它们养肥了吃掉。我们都知道，狗是第一种被人类驯化的动物。那么其他动物呢？公元前 9000 年，土耳其人开始养猪。在公元前 8000 年的中东，被驯化的羊群随处可见。公元前 2000 年，骆驼和马被驯化。

发明和发现

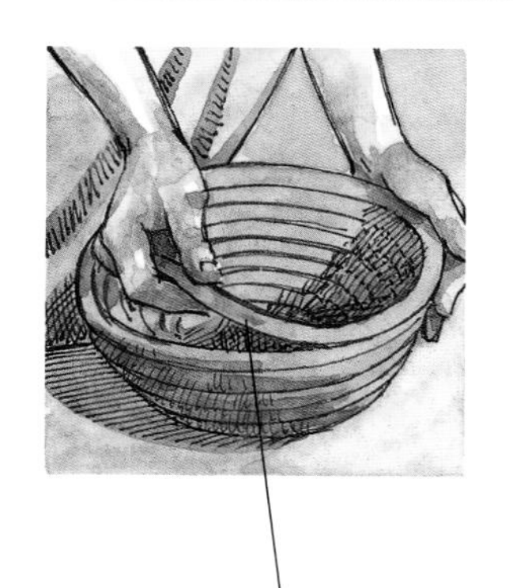

用湿黏土制成的陶罐

拉坯机

公元前3500年，美索不达米亚平原出现了第一台制陶的拉坯机。在轮盘旋转的同时，制陶工人手中的黏土逐渐现出形状。

有了这个转盘，做陶罐就容易多了！

早期拉坯机

陶罐

公元前7000年，最早的陶罐出现在土耳其。

早期的农民

在农业出现以前，狩猎和采集野果是人们获取食物的主要方法。人们通常是几十人群居在一起，居住地的食物吃完了，就迁徙到别处去。后来，人类摸索着学会了植物的种植和收获，于是，农业出现了。当然，有了农业也意味着人们为了生产会驯养一些动物。气候的改变迫使人们在一个地方定居下来，大多是有固定水源的地方。他们终于不用像以前那样漂泊不定了，现在可以建造永久的家园，在更大的群体里一起生活。因为有了定期的食物供应，所以他们开始有时间学习一些其他的技能，如制陶、编织以及用金属加工工具和武器。

苏美尔人挤牛奶的场景

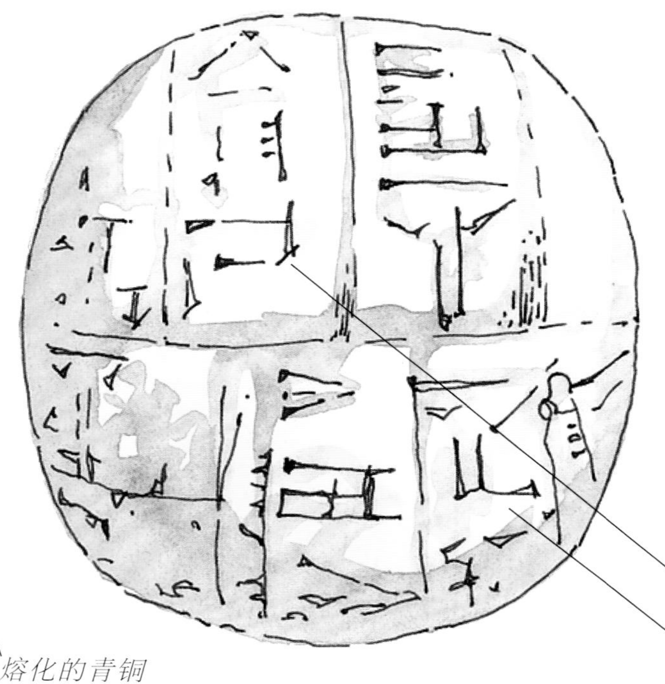

青铜器

公元前3500年，人类发现了铜和锡的化合物——青铜。将熔化的青铜倒入铸模中，冷却后就是青铜器。

楔形文字

公元前3500年，苏美尔人用芦苇做成笔，把一些简单的图形标记在软黏土上，这些图形就是楔形文字。楔形文字很快在整个中东地区得到广泛应用。

驯马和马具

公元前2000年，马已经被驯服，但因为马具紧紧地勒住了马的颈部，导致马不能过多负重。200年后，战车才轻得足以让马拉动，在这之前，马只能拉动轻便的马车。

古埃及的金字塔

古埃及文明是世界上伟大的文明之一。埃及人创作了神奇的艺术作品，建造了许多美妙绝伦的建筑。他们研究数学、天文学和医学，还发明了象形文字。公元前5000年，在尼罗河沿岸的农垦区，诞生了上埃及和下埃及两个王国。约公元前3100年，上埃及的统治者米那征服了下埃及，成为古埃及第一个统一国家的法老。

时间和事件

约公元前2500年

胡夫金字塔开始建造，工程耗时30年。

公元前2075年

英国在斯通亨奇（今英国威尔特郡）建造巨石阵。巨石阵由每块重约25吨的砂岩石柱构成。

公元前2000年

爱琴海地区的迈锡尼文明出现。古代埃及出现图书馆，能够制作木乃伊。

公元前1628年

锡拉岛火山爆发，引起巨大的海啸，海啸吞噬了克里特岛沿岸的居民点，盛极一时的米诺斯文明从此衰落。

公元前800年

希腊诗人荷马创作了《伊利亚特》和《奥德赛》，讲述了特洛伊战争及战后的故事。

公元前776年

第一届奥林匹克运动会在希腊举行。

人类创造了什么？金字塔

金字塔是古代埃及法老的陵墓。它们的形状代表太阳照射在地球上的光线。埃及人相信，当法老去世时，他会沐浴着太阳的光辉升天。金字塔规模宏大，建筑技巧高超，这得益于埃及工匠们制造的测量工具和建筑工具。

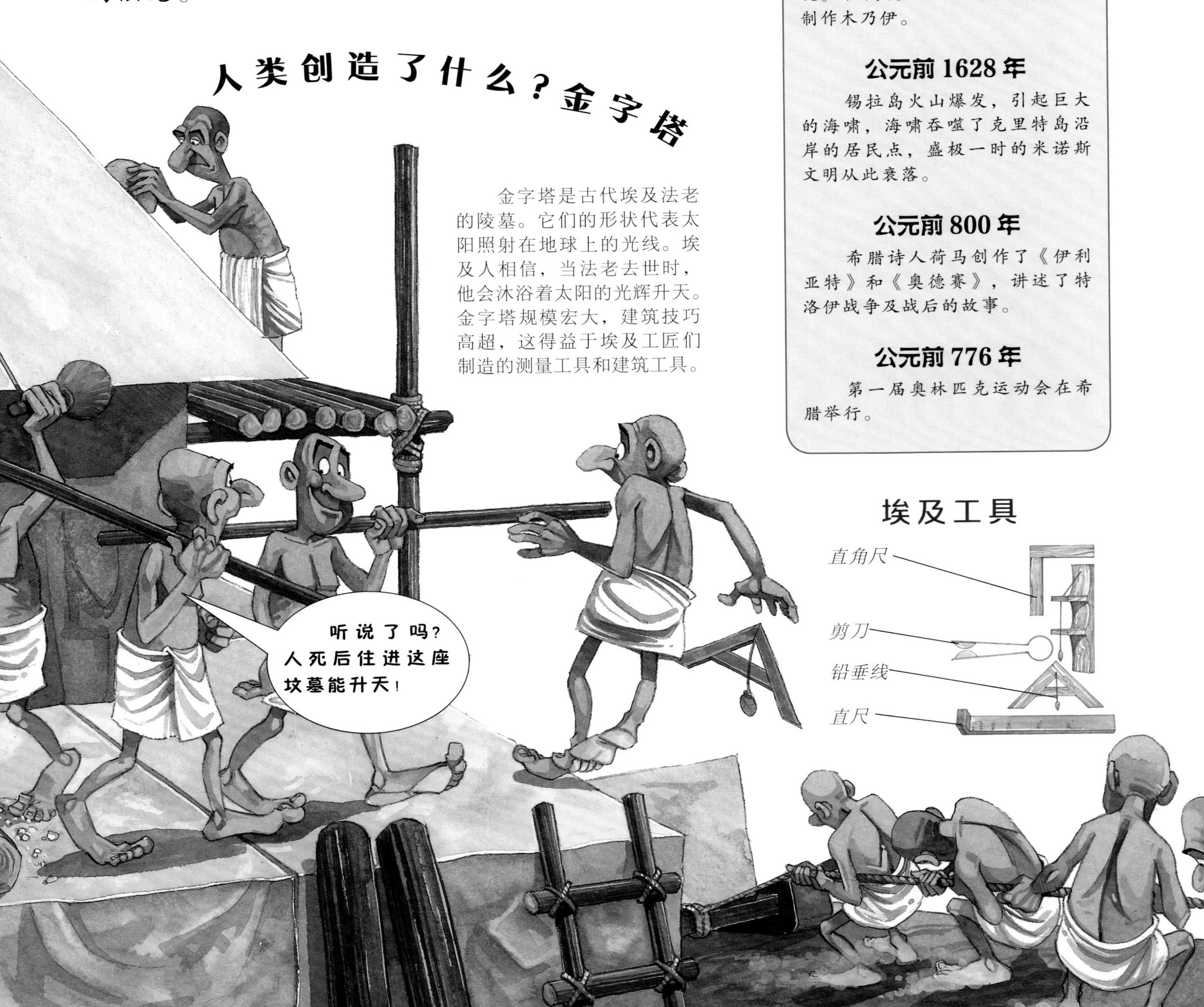

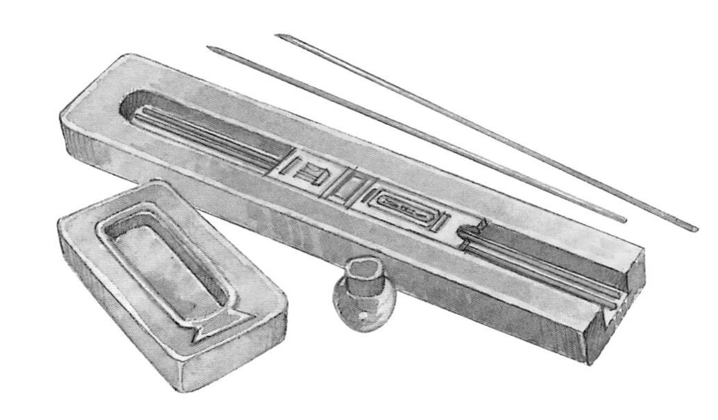

象形文字

公元前3000年左右，埃及人发明了象形文字。它由图画文字发展而来，由表意、表音和部首三种符号组成。埃及象形文字对后来的字母文字产生了重要影响。

年

可能是因为尼罗河每年都洪水泛滥，古埃及人最先建立了“年”这个时间概念。古埃及人发现，每当太阳和天狼星同时在空中升起的那天，洪水就会如期而来，而且这样的情况每365天发生一次。我们知道，“一年”比365天要多出大约1/4天。这就导致了在1455年的时间里，埃及人的历法与实际的季节更替并不能完全吻合。但是在公元139年，历法与季节完全吻合了。鉴于此，现代天文学家们相信早在公元前4228年，埃及人就开始使用365天为一年的历法了。

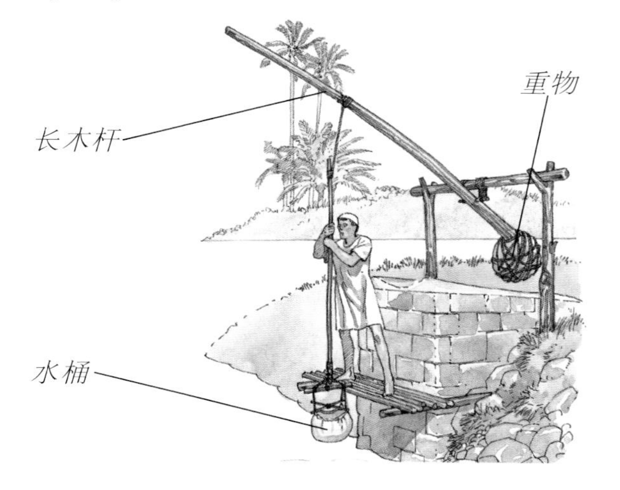

桔槔

桔槔是一种利用杠杆原理设计的原始汲水工具，它的发明使浇灌农作物变得更容易了。一根长木杆，一端悬挂上或绑上石块等重物，另一端系上水桶，将水桶放到水中汲水，然后再依靠另一端的重物拉上来。

一位希腊天文学家

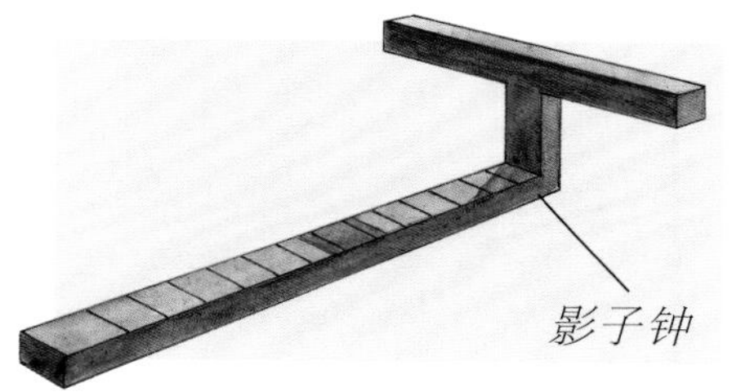

闰年

希腊天文学家们以埃及人的历法为基础，通过每4年增加1天的方式，把埃及人历法中每年丢失的1/4天补足，但这种方法在当时并没有被大多数人采用。直到公元前46年，在尤利乌斯·恺撒领导下的罗马人才采用了这套历法。

硬币

公元前700年，吕底亚（位于今土耳其境内）国王巨吉斯发行了人类已知的最早的硬币。这种硬币由金银合铸而成，一面印有国王的头像。

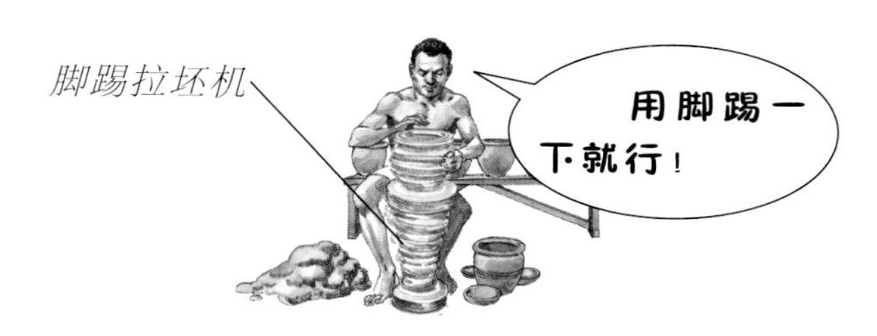

脚踢拉坯机

公元前300年，希腊人和埃及人开始使用脚踢陶罐底部一个沉重的转盘使拉坯机转动起来。

影子钟

公元前2000年，埃及人发明了影子钟。他们通过横杆投射到标尺上的影子来确定时间。每天上午，他们将影子钟朝向太阳所在的东方放置。每天下午，他们把影子钟朝向太阳所在的西方放置。

古希腊的民主

奴隶

希腊人有很多充满了智慧的“创造”，却几乎没有发明出任何让生活变得更轻松的东西。这是因为他们没有必要为此费心，那些辛苦的工作只要交给奴隶去做就好了。

古希腊人发明了最早的字母表，他们的思想至今仍影响着整个欧洲对政治、科学、教育、艺术的看法。古希腊人的创造，如建筑、文字和戏剧从古罗马时期开始就一直影响着西方世界。不过，也许“民主”才是古希腊人最重要的“创造”。“民主”的意思是“由人民做主”，这个理念认为所有公民都有权对如何管理他们的城市发表意见。

雅典每9天举行一次集会，但大约只有5000名公民会按时参加。人们经常在集会上吵得不可开交。

雅典是希腊最大的城邦，在鼎盛时期，人口大约30万，但是只有5万名左右的男性公民有投票权。女性、移民和约7万名奴隶根本没有投票权。

人类创造了什么？民主

（不过当时只针对少数人……）

发明和发现

灯塔

公元前285年，国王托勒密二世下令在埃及的亚历山大市附近建造第一座灯塔。这座灯塔有130多米高，只要用火点亮顶部，就会持续燃烧一整夜。

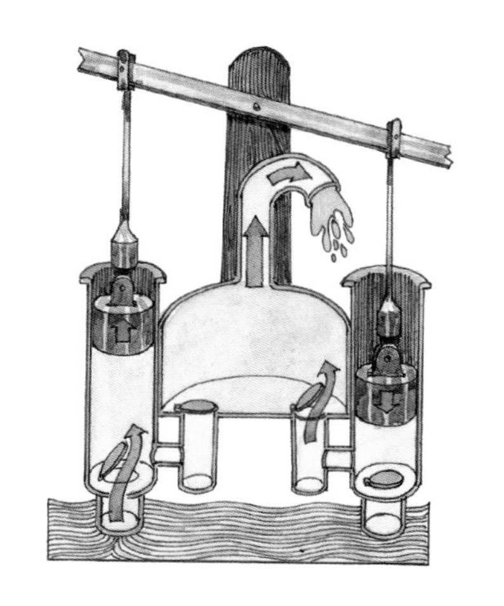

阿基米德螺旋泵

公元前250年，古希腊数学家、科学家阿基米德在埃及发明了一种螺旋水泵。它利用螺旋把水从低处输送到高处，使汲水变得更容易，因此得到广泛应用。

拱桥

公元前200年，罗马人建造了第一座拱桥。拱形建筑的发明使房屋和桥梁的建造发生了巨大的改变。在此之前，建筑只能靠水平的梁和垂直的柱子来搭建。

罗马的拱桥

抽水机

公元前250年，希腊发明家特西比乌斯发明了抽水机。当抽水机顶部的手柄前后摇动时，就会产生气压，水在压力的推动下会立刻奔涌而出。

造纸术

公元前150年，中国发明了真正的纸。人们把布、木材和稻草等经过水浸、蒸煮、舂捣等工序，然后加水搅拌，再压成薄薄的片状，晾干后就成了纸。

中国古代的造纸术

发明家

阿基米德

（前287—前212）

阿基米德出生于意大利的叙拉古，是人类数学发展史上最重要的人物之一。除了阿基米德螺旋泵，他还发明了许多精妙的仪器，如用来提升拉力的滑轮装置。公元前214年，一支罗马军队进攻阿基米德的家乡。这位发明家用滑轮和杠杆制成了巨大的飞爪和撞槌，摧毁了很多罗马舰船。据说他还利用镜子来汇聚阳光，直到高温将敌人的舰队点燃。尽管有了这些战争机器的帮助，但叙拉古最终还是因为被长期围困而陷落了。罗马的将军下令赦免阿基米德，但他还是死在了一个不认识他的士兵手上。

特西比乌斯

（前285—前222）

特西比乌斯是证明“空气是一种物质”这个理论的第一人。他证明了空气在压力的作用下可以产生推力或拉力。除了最早的抽水泵，他还发明了水钟，一直到17世纪，水钟都是走时最准确的计时仪器。

古罗马的文明

公元前 8 世纪，一个被我们现在称之为“拉丁人”的部落，定居在了意大利的台伯河畔。他们在那里修建了草屋村落，村落渐渐发展成市镇，最后成为罗马帝国的首都。这个伟大的帝国延续了将近 1000 年。罗马人征服了希腊，还有很多神奇的创造与发明。他们是杰出的工程师，修建了许多道路、桥梁、港口和沟渠。如果没有这些，他们恐怕难以管理这个庞大的帝国。

时间和事件

公元前 221 年

中国的秦始皇统一度量衡，其体制沿用到 20 世纪。

公元前 73 年

斯巴达克领导奴隶起义，反抗罗马。起义军在公元前 71 年战败。

公元前 27 年

第一任罗马皇帝屋大维开始统治罗马。

公元 43 年

不列颠被罗马人征服后，成为罗马的大不列颠省。

公元 248 年

罗马庆祝罗马建城 1000 周年。

人类创造了什么？

混凝土

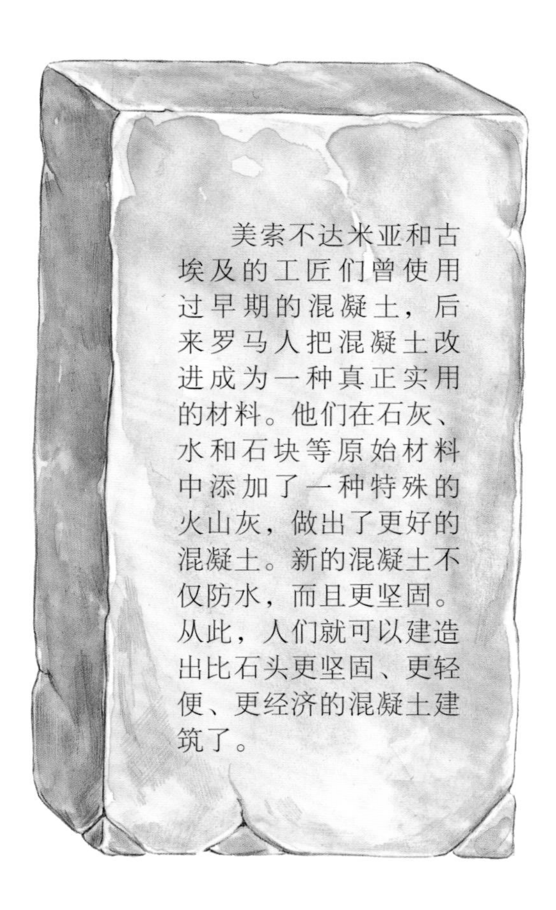

美索不达米亚和古埃及的工匠们曾使用过早期的混凝土，后来罗马人把混凝土改进成为一种真正实用的材料。他们在石灰、水和石块等原始材料中添加了一种特殊的火山灰，做出了更好的混凝土。新的混凝土不仅防水，而且更坚固。从此，人们就可以建造出比石头更坚固、更轻便、更经济的混凝土建筑了。

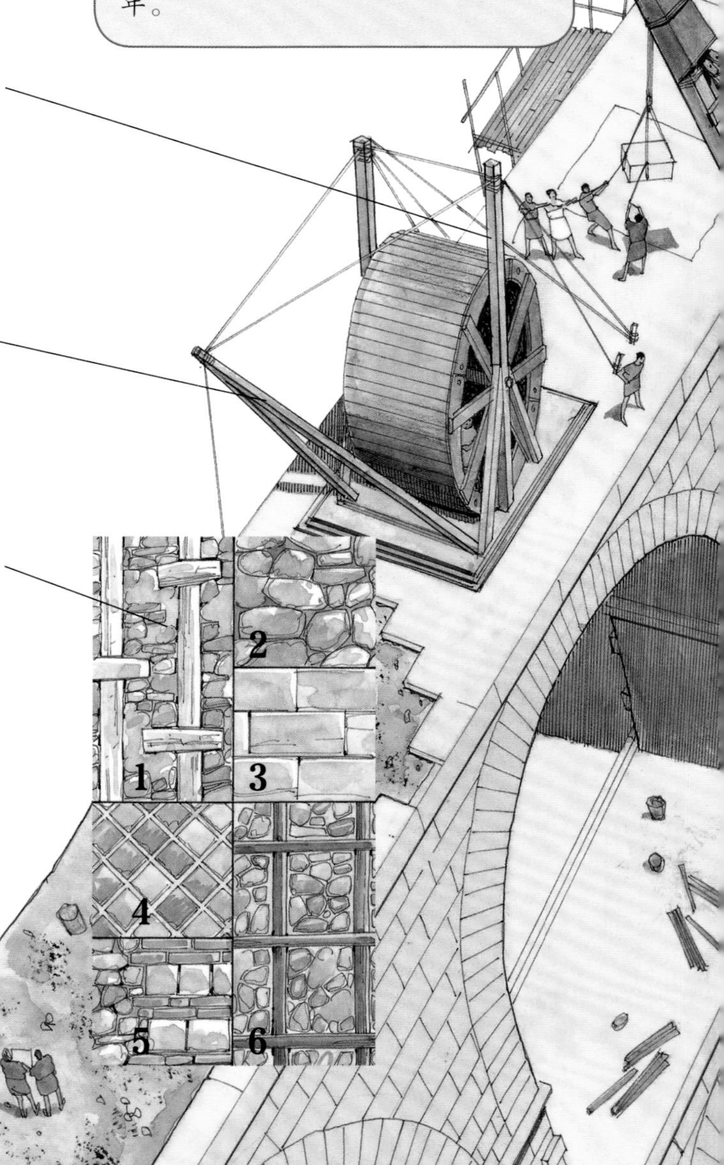

公元前 19 年，法国尼姆市的嘉德水道桥竣工。它高 49 米，每天可以为每位市民提供大约 600 升水。没有这么好的供水设施，城市是不可能发展起来的

这台踏车动力起重机的顶端有一个装有滑轮的杆子，只需转动底部的转盘或者踏车，就可以把重物提到高处

最初，罗马的墙是人们用黏土和石灰石把碎石砌在一起组成的（1）。后来他们使用水泥来代替黏土，使碎石黏合得更为牢固（2）。他们在墙的最外层砌上石灰石（3）或小方石（4）。在墙的边角处，他们将砖和石头分层堆砌（5）。内部墙体是搭建好木框（6）骨架后，再由碎石填充而成

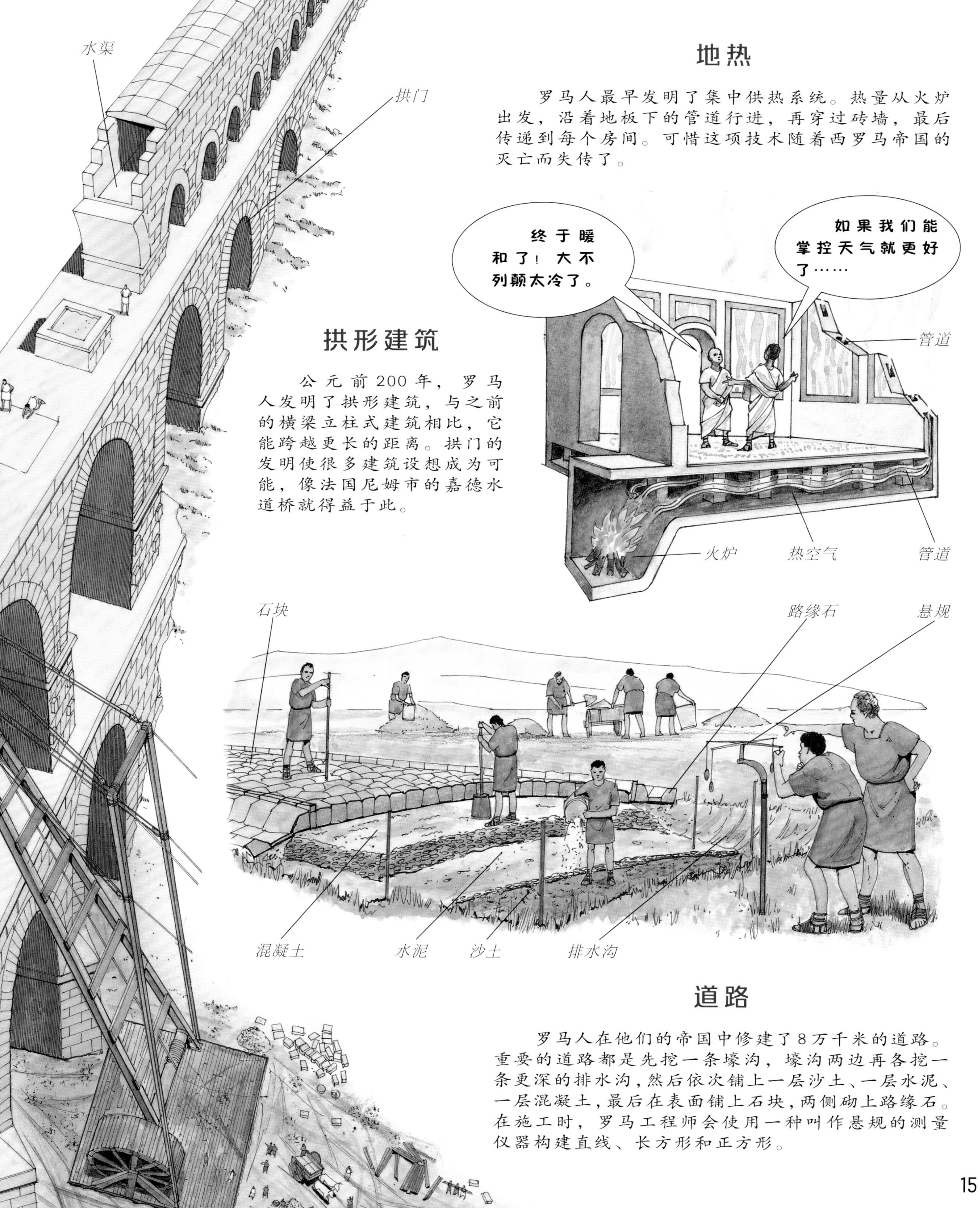

地热

罗马人最早发明了集中供热系统。热量从火炉出发，沿着地板下的管道行进，再穿过砖墙，最后传递到每个房间。可惜这项技术随着西罗马帝国的灭亡而失传了。

拱形建筑

公元前200年，罗马人发明了拱形建筑，与之前的横梁立柱式建筑相比，它能跨越更长的距离。拱门的发明使很多建筑设想成为可能，像法国尼姆市的嘉德水道桥就得益于此。

道路

罗马人在他们的帝国中修建了8万千米的道路。重要的道路都是先挖一条壕沟，壕沟两边再各挖一条更深的排水沟，然后依次铺上一层沙土、一层水泥、一层混凝土，最后在表面铺上石块，两侧砌上路缘石。在施工时，罗马工程师会使用一种叫作悬规的测量仪器构建直线、长方形和正方形。

神秘的中国文明

公元6世纪后期至10世纪初，中国处于隋唐盛世时期，成为当时世界上最文明、最繁荣、最发达、最富庶、最强大的国家。这个时期，中国有火药、瓷器、曲辕犁等重大发明，而在此后数百年的时间里，欧洲人对此仍一无所知。

当时的欧洲除东欧的拜占庭帝国持续繁荣外，其余各处皆是一片动荡。

时间和事件

公元476年

西罗马帝国灭亡。

公元486年

法兰克王国建立。

公元7世纪初

伊斯兰教兴起。

公元800年

查理曼大帝成为神圣罗马帝国的开国皇帝，统治西欧的大部分地区。

公元8世纪

中国的造纸术传入西方，波斯的炼金术获得发展，制出了硫酸、王水等，为化学成为一门学科做了准备。

公元1000年

维京探险家发现了一个国度，他们称之为“维兰”，也就是今天的美洲。

人类发现了什么？

美洲

发明和发现

马镫

公元300年，中国人发明了马镫。一个世纪以前甚至更早以前，中国人就发明了软垫马鞍。马镫和马鞍给骑手提供了一个装在马背上的牢固的座位。

数字

公元3世纪，印度的科学家发明了阿拉伯数字，后由阿拉伯人改进并传入欧洲。

蜡烛钟

蜡烛钟就是在蜡烛上标示出代表时间的刻度，随着蜡烛的燃烧，流逝的时间就可以通过刻度计算出来。相传，它是英格兰国王阿尔弗雷德在公元850年发明的。

瓷器

公元850年，中国人发明了一种用黏土做成的防水、坚硬的白色瓷器。他们用瓷制作杯子和花瓶。350年后，瓷器被传到欧洲。

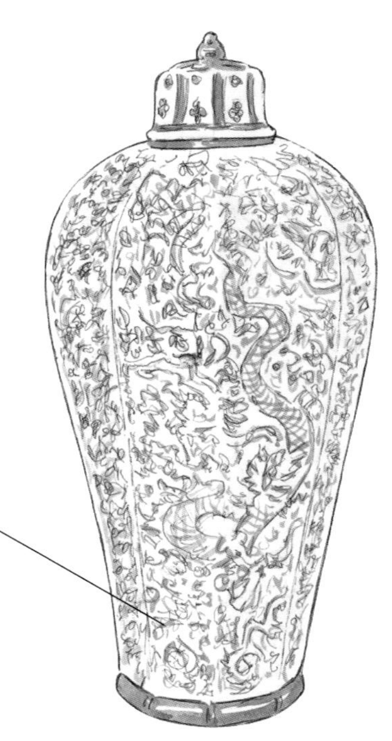
中国瓷器

印刷术

公元868年，中国出版了世界上第一部用纸印刷的书籍《金刚经》。它是先将文字和图案雕刻在木板上，再印刷而成的。

《金刚经》里面的页面

轮式犁

公元950年，欧洲发明了轮式犁。前面的两个轮子使犁操作起来更容易，也可以更好地引导方向。

阿拉伯世界

随着罗马帝国的衰亡，西欧陷入了混乱之中，但在遥远的东方，阿拉伯帝国悄然崛起。当古希腊和古罗马的文明在西方的飘摇动荡中逐渐湮灭的时候，得益于东西方之间的贸易往来，许多西方文明在中东地区保留了下来。

阿拉伯人创立了完整的代数学，世界上第一部代数学著作就是由他们写成的。阿拉伯医生还发明了做手术用的精密设备，巴格达医院院长拉齐斯在外科方面成就卓著，写有《医学集成》一书。

古老的欧洲文献

公元1000年，基督教传播至欧洲大部分地区，很多人进入修道院修行，过着与世隔绝的简朴生活。他们中的大多数都能够阅读和写作。修道院的图书馆收藏了很多古老而又珍贵的文献，为了避免遗失，修道士们将它们仔细地誊抄复制下来。如果没有这些复制品，那些我们知道的古希腊和古罗马作家的著作就不会留存至今。

时间和事件

11世纪中期

中国宋朝人毕昇发明了活字印刷术。活字印刷术后来被传到朝鲜、日本、埃及和欧洲。

1150年

吴哥窟建成，这是一座位于柬埔寨的大型综合庙宇，占地面积80多万平方米，被一条19千米长的护城河环绕。

1206年

成吉思汗统一蒙古各部，建立蒙古政权。

1271年

17岁的马可·波罗跟随父亲前往中国。

13世纪

中国的海船上开始使用指南针，指南针传入阿拉伯和欧洲。

13世纪中期

中国的火药和火药武器传入阿拉伯，后由阿拉伯传入欧洲，对欧洲的火器制作和作战方式产生了巨大影响。

人类创造了什么？
监狱

监狱在中世纪以前就已经存在了，但在当时通常不用作监禁的手段，而是用来关押等待处决的犯人或等待被贩卖的奴隶的地方。

发明和发现

指南针

指南针被誉为影响世界的中国“四大发明”之一。

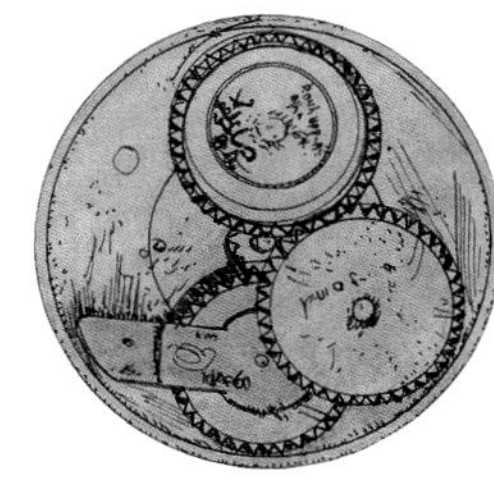

星盘

13 世纪，阿拉伯人发明了比较先进的星盘（左图），它能显示出任意时间点上某些恒星的位置，可应用于航海。

长弓

威尔士人发明的长弓是中世纪强而有力的武器，早在 1150 年就有关于它的记载。

音符

约 1260 年，欧洲人第一次用音符在乐谱上标出了不同的音高，标注声音长度的符号也被添加进了音乐符号中。

眼镜

1286 年，意大利人发明了眼镜（左图）。14 世纪早期，眼镜开始流行。

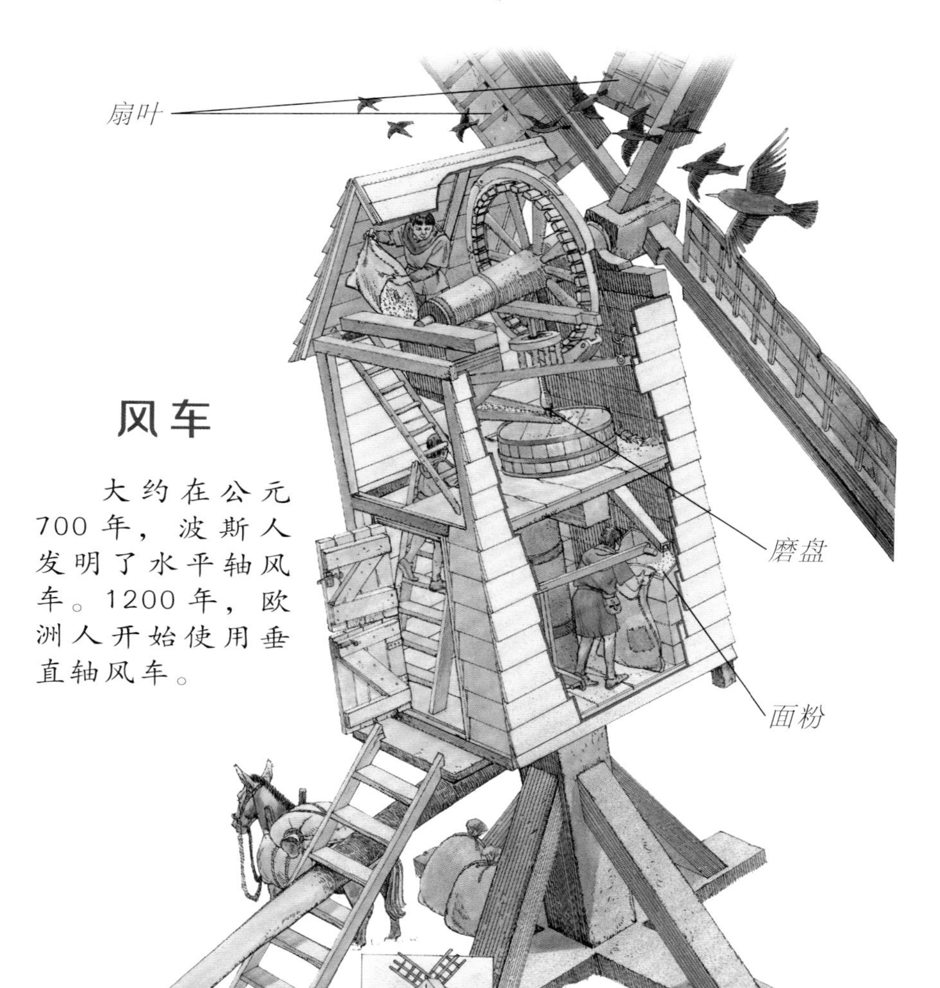

风车

大约在公元 700 年，波斯人发明了水平轴风车。1200 年，欧洲人开始使用垂直轴风车。

飞扶壁

最初的教堂是用木头或者其他廉价材料建成的，但随着教会变得越来越富有，坚固的石头教堂在欧洲各地纷纷拔地而起。随着教堂修建得越来越宏伟壮丽，教堂四周的墙壁所承受的压力也越来越大，有些教堂甚至因此而垮塌。于是，飞扶壁这种建筑技巧便应运而生。

飞扶壁是一些用砖石垒堆而成的拱壁，能够把建筑外墙的一部分压力转移到拱壁另一端的粗柱子上，从而建造出既坚固又漂亮的建筑物。

中世纪的城堡

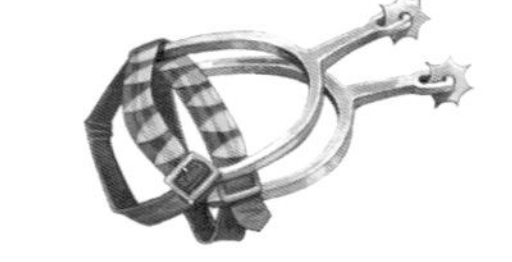

纵观整个中世纪，统治者们为攫取邻国的土地和财富持续不断地发动战争，欧洲始终处在战争带来的动荡之中。为了保护土地，或者是为了控制新的领土，国王和贵族们建造起了城堡。在中世纪，欧洲各地矗立起成百上千座城堡，最早的城堡是木制的，但是很快就被坚固的石头城堡所代替。城堡通常建在易守难攻的地方，或是水陆交通枢纽等重要地段，象征着主人的权力和财富。

许多城堡都是通过围困被攻陷的。进攻部队围困城堡时，会切断城堡的食物和水源供给，城堡里的居民只能活活饿死。围困可能持续数月，但有时为了缩短时间，进攻者也可能使用攻城武器来摧毁城堡，比如用攻城锤来突破厚重的城门，用投石机投掷巨大的石块来砸毁城墙，借助攻城塔靠近城墙。

盔甲

中世纪早期，士兵们为了保护自己，会穿戴锁子甲。这种锁子甲由金属环连接在一起，很容易被剑尖和箭镞刺穿。于是，人们在锁子甲里又加了一层金属板来加强防护。最后，用金属板做成的整套铠甲就诞生了。它可以给士兵们提供完备的保护，但由于造价太高，只有骑士（被统治者雇用的有钱的战士）才穿戴得起。

贸易船

1300 年，一只由轻快的帆船改造而成的小型地中海贸易船问世，它将成为西班牙和葡萄牙探险家的专属用船。

人类创造了什么？

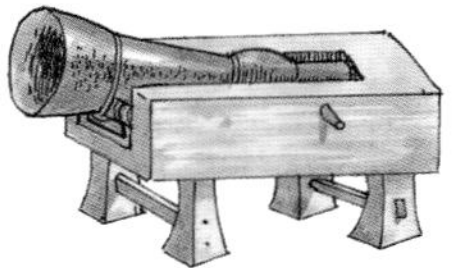

大约在 1000 年，中国人发明了火药。最初，中国人用火药制造烟火，后来才开始渐渐用来试制最初的火药武器。

制造于约 1324 年的中国火炮

1346 年英法两国的克雷西会战，是第一次在欧洲使用大炮的战役。英国国王爱德华二世在与法国的战争中使用了大炮，但英国取得最终胜利的决定性因素或许是长弓手而不是大炮。

唐迪的天文钟

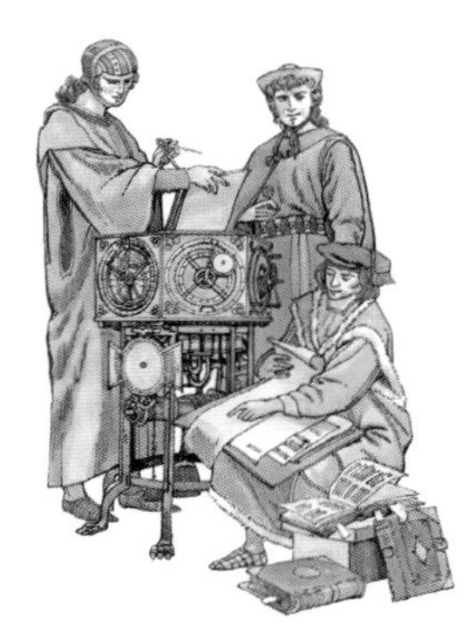

1364 年，乔万尼·唐迪制作了一座天文钟，它共有 7 个面，每个面都显示着当时已知的 7 颗行星之一的位置。这是迄今为止最为复杂的钟。

越建越高的建筑

自12世纪到15世纪，城市已成为各个封建王国的政治、宗教、经济和文化的中心。城市的自由工匠们掌握了比古罗马的奴隶们娴熟得多的手工技艺，建筑进入了新阶段，兴起了哥特式建筑。哥特式建筑主要用于教堂，整体风格为高耸削瘦，在体量和高度上都创造了新纪录，而且顶上都有直刺苍穹的、锋利的小尖顶。这种以高、直、尖和具有强烈向上动势为特征的风格是城市强大向上、生机勃勃的精神反映。

人类创造了什么？
飞扶壁

教堂就是要引人注意。之所以把它们修建成像纪念碑一样高大雄伟，其中的一个原因是高大雄伟的教堂能够给它们所伫立的城市带来荣耀。飞扶壁支撑着这些高大的建筑物。为了使这些建筑物更加令人震撼，建造者还经常在它们的顶端加上塔尖，塔尖直指天际。19世纪前，这些有着塔尖的教堂一直是欧洲最高的建筑。尽管很多中世纪的教堂毁于战争或者雷电、地震等自然灾害，但那些幸存下来的教堂仍然是世界上最大、最令人印象深刻的古建筑之一。

有了飞扶壁的支撑，大教堂可以被修建得更高

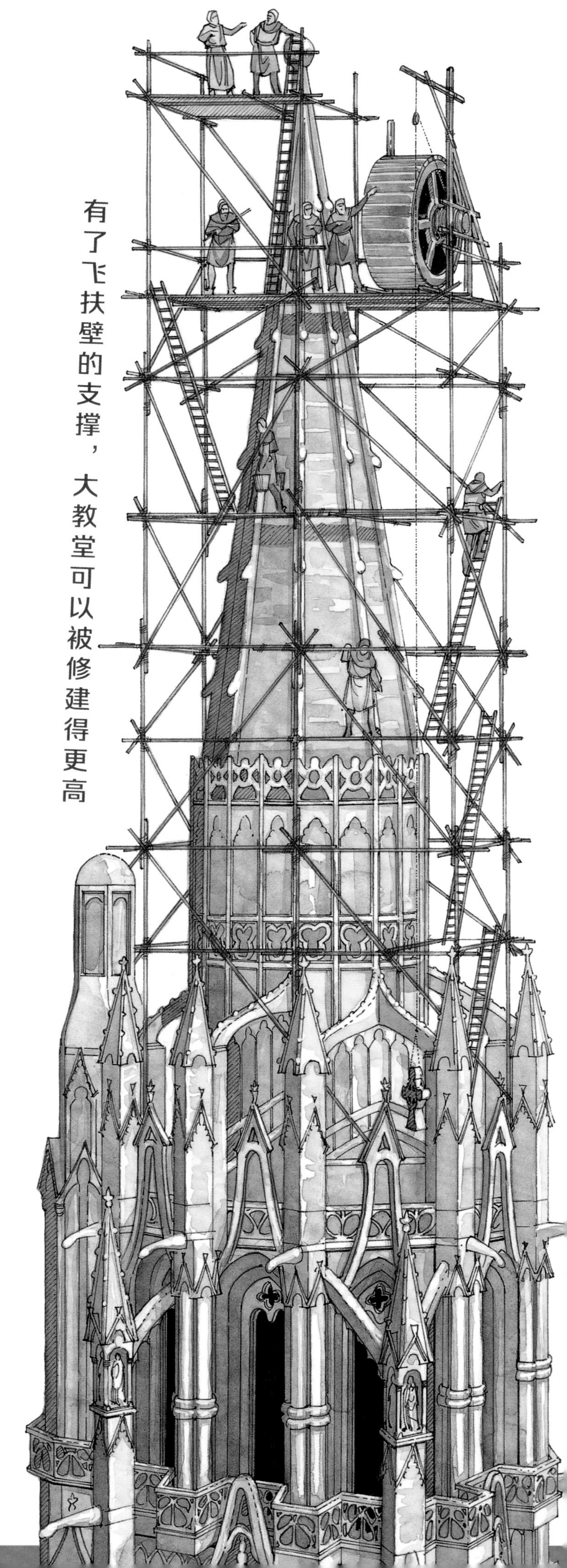

发明和发现

字母

上面这个字母表可以追溯到中世纪。它有24个字母，比我们今天使用的字母表少了两个字母——J和V。

出版

在欧洲中世纪，写书和出书是受教会控制的。所有的书必须用手抄写，一个修道士花二三十年的时间才能抄完一本书。

尿检

1380年，对病人尿液的颜色的分析被广泛应用于疾病诊断方面。到了15世纪，尿检已经成为一项高度复杂的技术。

人们通过将病人尿液的颜色与尿检表中的颜色相比对来诊断疾病

闹钟

世界上第一台闹钟出现在1350年到1400年间。它被用来唤醒沉睡的修道士，使他们不会错过晨祷。

啊！啊！我这是怎么了？

时间和事件

1295年

威尼斯商人马可·波罗来到中国，在中国的元朝生活了17年后回到家乡。当时，欧洲人对中国的古代文明几乎一无所知。

1347年

黑死病（鼠疫）肆虐欧洲。据说，黑死病首先爆发于亚洲西南部，然后沿着贸易通道向西蔓延。1348年，它席卷了英格兰和法国，到1351年，已经影响了欧洲的大部分地区。这种疾病是由老鼠携带的，人类一旦被寄生在老鼠身上的跳蚤叮咬，就会被传染。在被感染者的腋窝或者腹股沟处，会出现腹股沟淋巴结炎（又大又黑的囊肿），大多数患者两三天内便会死去。当时欧洲大约有2500万人因此丧生，这场灾难造成的社会和经济的动荡让欧洲花了100年时间才逐渐恢复。

文艺复兴

14世纪到16世纪，黑死病的阴霾渐渐消散，繁荣的贸易使意大利位于地中海沿岸的一些城市迅猛发展。在这一时期，意大利的学者们开始探索早期古希腊和罗马作家的思想，鼓励人们要学会独立思考，艺术和哲学因此得以蓬勃发展，人们对科学重新燃起了兴趣。后来，历史学家把这种回归古典思想的思潮称为“文艺复兴”或“重生”。

人类创造了什么？

书籍印刷

时间和事件

1385年

中国在南京建立观象台，这是世界上最早的设备完善的天文台。

1415年

在阿金库尔地区，1.2万名英国士兵遭遇法国6万大军，英军凭借长弓赢得了胜利。

1441年

尼德兰画家扬·凡·艾克被认为是使用油画技法的第一人。与前人的油画相比，他的油画色彩丰富，而且更饱满，更有色泽。

1453年

拜占庭帝国的首都——君士坦丁堡被土耳其人攻陷，拜占庭帝国落幕。

1470年

位于南美洲的印加帝国疆域达到巅峰，从北边的哥伦比亚延伸4000千米至南边的智利。印加国王统治着将近1000万人民。

1488年

葡萄牙人迪亚士率探险队到达非洲南端，在返航的途中发现好望角。

扑克牌

1450 年，德国人用木块印刷扑克牌。最早的牌出现在公元 850 年的中国。四种花色牌面的扑克牌则出现在 1440 年。

里程表

1452 年，莱奥纳多·达·芬奇出生。在他的发明中，有一个利用齿轮系统的里程表，它能够精确地测量路程。

地球仪

第一个地球仪诞生于 1492 年，是由德国地图绘制者马丁·贝海姆制造的。但它并不准确，上面没有标出美洲的位置，因为当时的欧洲人还不知道美洲的存在。

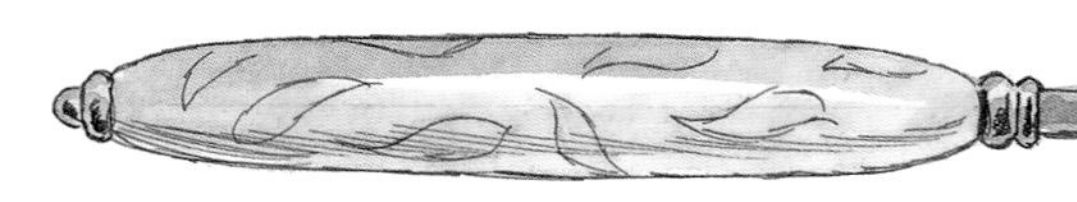

牙刷

中国的古籍中最早描述了牙刷的样子：带有刷子毛的牙刷头和刷柄呈直角。

潜水钟

1538 年，西班牙的托莱多地区首次使用潜水钟。英国科学家埃德蒙·哈雷在 1717 年推出了潜水钟的改进版。

铅笔

1565 年，瑞士医生康拉德·格斯纳发明了铅笔，笔芯由纯石墨构成，外壳是木质的。

谷登堡

（?—1468）

约翰·谷登堡是一名德国的金属工匠，他发明了西方的活字印刷术。这种印刷术是将字母铸成金属块，然后按照所需顺序将它们排进一个页面。全世界最早的活字印刷术是由中国人毕昇发明的。然而，由于汉语中有数千个汉字，所以这种技术并不实用。而只有 26 个字母的西方字母表更适合这种印刷方式。

谷登堡将一台榨酒机加以改造，然后将一张张纸压在上了墨的金属字上面。约 1450 年，《谷登堡圣经》成为他的印刷机印出来的第一本书。到了 15 世纪末，成千上万台印刷机投入使用，书籍因此变得更加便宜和普及，这也为文艺复兴时期的思想迅速传播到整个欧洲起到了推进作用。

新航道，新大陆

中世纪时，欧洲人对欧洲以外的地方知之甚少。他们对亚洲和非洲的认识都是从阿拉伯商人那儿听来的，而且当时大多数人都认为地球是扁平的。这个想法在15世纪时被彻底颠覆。葡萄牙探险家想开辟一条航道，通往东南亚的印度群岛，因为那里种植着能够延长食物保质期并增强食物味道的香料。一些探险家向东部航行，绕过非洲，穿过印度洋，最终到达印度群岛。因为当时人们已经知道地球是球形的了，所以一些人认为向西航行会更好、更安全。克里斯托弗·哥伦布率领探险队向西航行。他发现了一块新大陆，就是现在的美洲。在接下来的一个世纪里，西班牙和葡萄牙征服了美洲的大部分地区，成为欧洲最富有的国家。

时间和事件

1492—1502年

意大利人哥伦布向西航行，穿过大西洋后到达了一块陆地。他认为自己到达的是东南亚的印度群岛，但事实上，他和他的船员们是第一批发现美洲大陆的欧洲人。

1497年

约翰·卡伯特从英国布里斯托尔启航，到达纽芬兰。

1519—1522年

葡萄牙人麦哲伦完成第一次环球航行，证实地球是球形的。

1543年

波兰的天文学家哥白尼的《天体运行论》出版，哥白尼提出：宇宙的中心是太阳，而不是地球。

谁发明的东西最多？

达·芬奇

他几乎发明了一切！

达·芬奇不仅是画家和发明家，他还涉猎了其他很多领域，如天文、地理、数学、植物学、动物行为学、工程学、建筑、雕刻以及音乐等。

四轮驿车

四轮驿车是由几匹马拉着的大型车辆。这种车速度缓慢而且很不舒适，通常被用来搭载穷人和运送货物。通常一到晚上，四轮驿车就停止行进，在旅店过夜，天亮再出发。早在15世纪，这种四轮驿车就已经出现了，到了16世纪就很常见了。

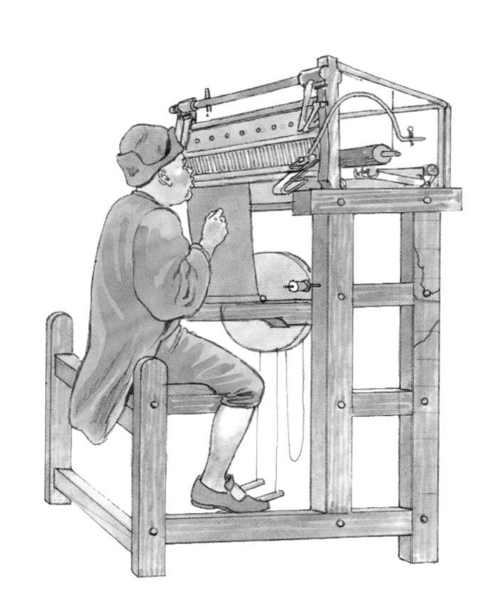

针织机

1589年，英国的威廉·李发明了第一台手摇针织机。这台机器能把像丝一样细的线纺织成布料。

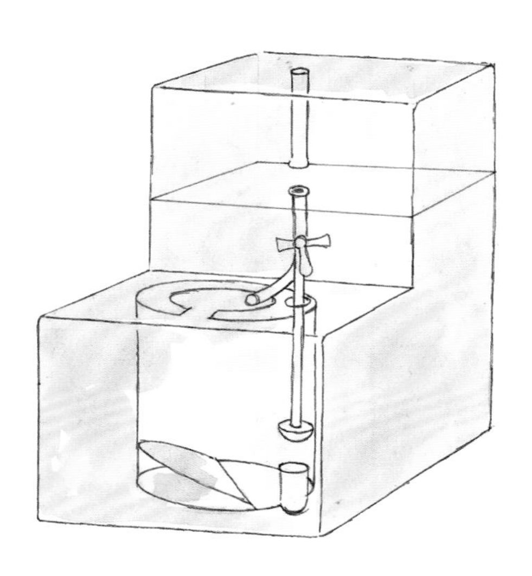

抽水马桶

英国的约翰·哈灵顿在1584—1591年的流放期间，发明了抽水马桶，并将其安装在家中。不过直到300年后，抽水马桶才开始被广泛使用。

显微镜

1590年，荷兰眼镜制造商亚斯·詹森发明了世界上最早的显微镜，但是由于制作水平不高，通过它只能看到模糊的图像，所以这项发明并没有引起人们的重视。

发明家

莱奥纳多·达·芬奇

（1452—1519）

如果说有一个人能代表文艺复兴精神的话，那么这个人非莱奥纳多·达·芬奇莫属。这位意大利艺术家、科学家和发明家，不仅创作了《蒙娜丽莎》这幅伟大的艺术品，同时还在数学、工程学和生物学方面很有研究。

达·芬奇画了数以千计的草图，来构绘他关于机械的各种想法。这些草图中包含着各种各样的发明，其中有潜艇、坦克、挖掘机、潜水面罩和蒸汽机。

达·芬奇迷恋飞行，花了大量的时间研究鸟类飞行，并据此画了很多飞行器的草图，如像鸟一样用翅膀飞行的扑翼飞机、滑翔机和早期的直升机。他的许多发明都领先于他那个时代几个世纪。由于当时的生产技术和动力技术还不够先进，所以他的大多数发明都未被制造出来。

科学打开新视野

16世纪末，没有人知道人体是如何工作的。这方面的大部分知识都来源于希腊和罗马，但其中许多观点是错误的。到了17世纪，科学研究中心已经从意大利转移到了北欧，旧的思想开始不断被质疑，比如英国医生威廉·哈维就是第一个描述人体血液循环系统的人。哈维像当时的许多研究者一样，不再一味地尊崇旧有的权威论述，而是开始根据自己的观察和实践进行深入研究，推导新的结论。

这种挑战的态度推动了科学的巨大进步，也带动了科学技术的发展。显微镜和望远镜的诞生，打开了人类的新视野，人类将视线投向更微小的粒子和更巨大的行星。

人类创造了什么？

望远镜

时间和事件

1600年

意大利科学家布鲁诺因勇敢地捍卫并发展了哥白尼的“太阳中心说”，被教会烧死在罗马的鲜花广场。

1602年

荷兰商人抵达柬埔寨。

1608年

法国探险家在北美圣劳伦斯河口建立魁北克城，魁北克成为加拿大最早的城市。

1616年

英国戏剧家莎士比亚去世。他是欧洲文艺复兴时期最重要的作家，代表作品有《罗密欧与朱丽叶》《哈姆雷特》等。

1619年

一个荷兰商人把第一批奴隶从非洲带到了北美洲。截至1808年黑奴贸易被禁止，共有约1200万奴隶被带到美洲。

1624年

英国颁布世界上第一部具有现代意义的专利法。

1626年

荷兰人从印第安人手中买下曼哈顿岛。

1640年

英国资产阶级革命爆发，这被认为是世界近代史的开端。

发明和发现

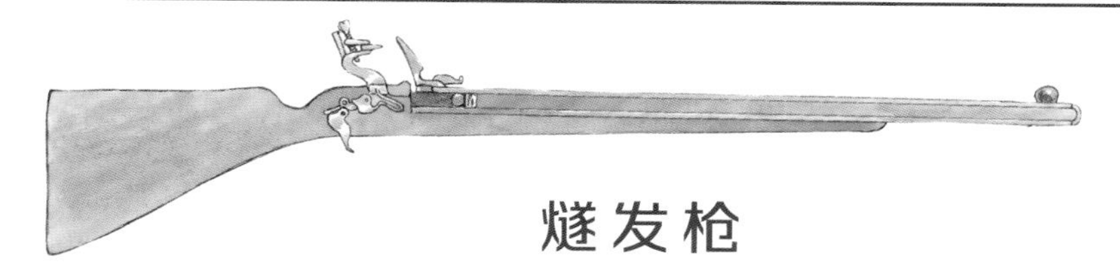

燧发枪

1610 年，法国人发明了燧发枪，这是一种新式射击武器。扣动扳机时，一块燧石会撞击一块坚硬的钢板，从而产生火花，引爆枪膛里的火药，使子弹射向目标。

雨伞

1637 年，工匠为法国国王路易十三制造了第一把防水伞。最早的雨伞发明于中国，直到 12 世纪才传到欧洲。

气压计

1644 年，意大利科学家埃万杰利斯塔·托里拆利发明了第一个气压计，这是一种测量空气压强的仪器。气压计中的水银柱会随着气压的变化而升高或降低。

水银

空气泵

1650 年，德国科学家奥托·冯·格里克发明了空气泵。他用自己的发明证实了大气压强是一种强大的力量。

摆钟

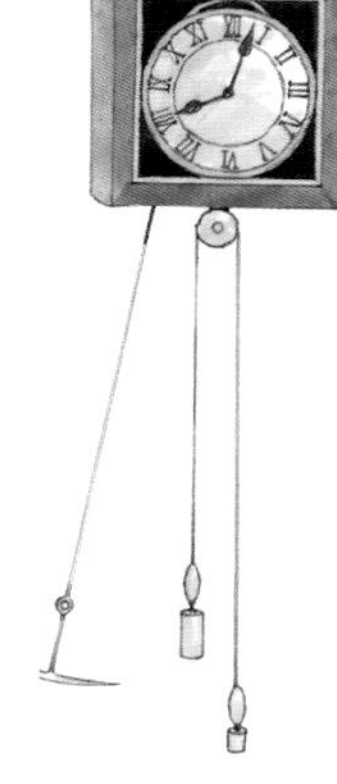

1656 年，荷兰数学家克里斯蒂安·惠更斯制作了第一个摆钟，它每天只有 5 分钟的误差，而当时的计时设备每天至少有 1 小时的误差。

纸币发行

1661 年，瑞典的斯德哥尔摩银行成为世界上第一家发行纸币的银行。

发明家

杰拉杜斯·墨卡托

（1512—1594）

1569 年，杰拉杜斯·墨卡托用等角正圆柱投影绘制《世界地图》，后人将此投影称为“墨卡托投影”，它可以帮助航海家绘制一条准确的航线，这种方法直到今天仍然在使用。

伽利略·伽利雷

（1564—1642）

伽利略出生在意大利的比萨。1609 年，他制作了一架天文望远镜，并用它发现了木星的卫星。他的发现支持了“太阳是宇宙的中心”的论点。1633 年，天主教会批判了这个主张，伽利略被捕，他的书也同时被禁。

布莱瑟·帕斯卡

（1623—1662）

法国数学家、物理学家和哲学家帕斯卡发明了世界上第一台数学计算器，还发明了注射器和水压机。

克里斯蒂安·惠更斯

（1629—1695）

荷兰人惠更斯发明了一种打磨镜片的新技术，并利用这种技术制造出了更精确的望远镜，还发现了土星的光环。天文观测需要精确地计时，1656 年，惠更斯又发明了摆钟。

大机器需要大动力

在18世纪以前，人们只能依靠风力、水力、畜力甚至人力来驱动机器。但工程的发展迫切需要更复杂、更庞大的机器，这就需要更强大的动力。大约在公元前100年，希腊发明家海伦希罗制造了一台蒸汽驱动装置，但当时他只是为了满足自己的好奇心。1712年，英国铁匠托马斯·纽科门发明了第一台实用型的蒸汽机。纽科门的蒸汽机通过燃烧煤获得能量来驱动水泵，主要用于矿井排水。蒸汽动力为工业革命奠定了基础，不断地改变着世界。

时间和事件

1665年

英国舰队将曼哈顿岛从荷兰手中夺取过来后，在那里建立了纽约镇。

1666年

英国的牛顿提出万有引力定律。

1680年

渡渡鸟灭绝。这是一种不会飞的大型鸟，只生活在毛里求斯岛，因为登岛的水手捕杀，它们从被发现到灭绝只有短短不到80年的时间。

1705年

英国人埃德蒙·哈雷注意到历史上每隔76年就会出现一颗彗星，他认为每次出现的都是同一颗彗星。他预测这颗彗星会在1758年再次出现。1758年，虽然这颗彗星如期而至，但哈雷却早已离世，没能亲眼看到。

1737年

瑞典植物学家卡尔·冯·林奈创建了第一套科学的生物分类系统。这是一个双名系统，每株植物、每个动物都有自己的种名和属名。这个系统至今仍被科学家使用。

1748年

庞贝古城的部分废墟被发掘，这座城在公元79年毁于火山喷发。

人类创造了什么？

蒸汽动力

托马斯·纽科门

于1712年发明的蒸汽机

发明和发现

香槟

1670 年，法国修道士唐·佩里侬发明了香槟。他将发酵的葡萄酒装进瓶子，用软木塞塞紧。当木塞被打开时，瓶子里的酒就会嘶嘶冒着泡沫喷溅出来。唐·佩里侬说："这种酒的味道尝起来就像星星的味道一样。"

钟表

1675 年，克里斯蒂安·惠更斯对钟做了新的改进。他给钟摆增加了一个弹簧，弹簧会来回摆动，调节钟表。

压力锅

1679 年，法国科学家丹尼斯·帕平发明了压力锅。它由一个铸好的铁锅和一个密闭的锅盖组成。加热时，锅里的压强就会增大，水的沸点超过 100℃，这样食物更容易被煮熟。

播种机

1701 年，英国农民杰斯洛·图尔发明了播种机。他把种子播撒成一条直线，这样一眼就能看到垄间的杂草，除草变得很容易，收成自然也就更好。

音叉

1711 年，伦敦的乐器制造商约翰·朔尔发明了音叉。它可以发出一个音符的已知音高。

机枪

1718 年，英国的詹姆斯·派克组装出了第一挺机枪，它能在 7 分钟内发射出 63 颗子弹。

避雷针

1752 年，美国科学家、政治家本杰明·富兰克林发明了避雷针。

发明家

安东尼·列文虎克

（1632—1723）

荷兰人列文虎克没有受过高等教育，但是他却发明了高倍显微镜，为生物学的发展奠定了基础。他的显微镜可以将物体放大 200 倍，通过它，人们第一次看到了单核细胞动物和细菌，这可以帮助人类找到引发疾病的原因。

艾萨克·牛顿

（1643—1727）

英国人牛顿是人类历史上最伟大的科学家之一。1666 年，他第一个发现物体之间存在引力，并且创立了一门新的数学分支——微积分。他还发现白光可以被分解成彩色的光谱，并认为光是由微小的粒子构成的。

托马斯·纽科门

（1663—1728）

1712 年，英国人纽科门发明了第一台实用的蒸汽发动机。它利用蒸汽的力量创造了一个真空环境，可以让大气压强驱动活塞，推动泵轴，使水从深井里被抽出来。

新蒸汽动力时代

18 世纪 30 年代，托马斯·纽科门发明的蒸汽发动机已经在欧洲的好几个国家得到应用。但是，它并不是最节能的机器，只能用于矿井抽水。18 世纪 60 年代，科学家詹姆斯·瓦特发现，纽科门的蒸汽发动机之所以效率不高，是因为蒸汽需要在发动机气缸内凝结。每次注入冷水使蒸汽凝结时，整个汽缸也冷却了，蒸汽的潜在热能也就浪费掉了。瓦特发现这就是蒸汽发动机耗费大量燃料的原因。1782 年，瓦特设计出了有独立凝结气缸的蒸汽机。

人类创造了什么？高效率蒸汽机

瓦特的蒸汽机在一个独立的汽缸里凝结蒸汽，这个气缸被连接在工作气缸旁。工作气缸的外面有一层保温罩，能使它的温度像蒸汽刚注入时一样高。

时间和事件

1755 年

葡萄牙的里斯本在一次大地震中被摧毁大半，超过 1 万人死于洪水、火灾和建筑物倒塌。

1779 年

英国探险家詹姆斯·库克船长在发现夏威夷群岛的第二年，因为与当地人发生冲突而死于非命。他死之前已经勘探了大洋洲的大部分地区，他还曾到达过南极洲。

1782 年

德国业余天文学家威廉·赫歇尔发现了天王星。这是人类发现的第一颗行星。

1789 年

乔治·华盛顿成为美利坚合众国的第一任总统。

1791 年

非裔美国人本杰明·班纳克发明了天文年历。

六分仪

1757年，英国人约翰·坎贝尔发明了六分仪，这是一种能帮助水手们在海上精确定位的工具。

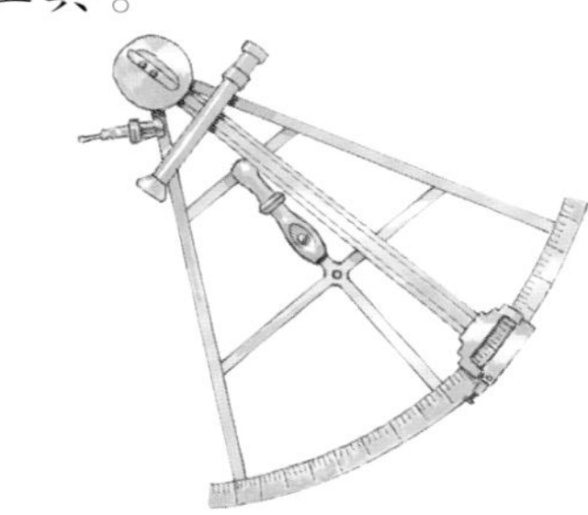

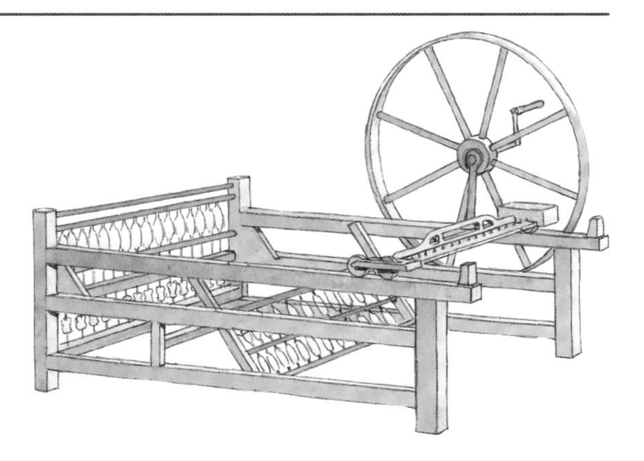

珍妮纺纱机

1764年，英国的詹姆斯·哈格里夫斯发明了珍妮纺纱机。使用这台纺纱机，一个人可以一次纺8根线，提高了生产效率，取代了手动纺车。

三明治

1761年，英国的约翰·蒙塔古发明了三明治，被称为“三明治伯爵”。

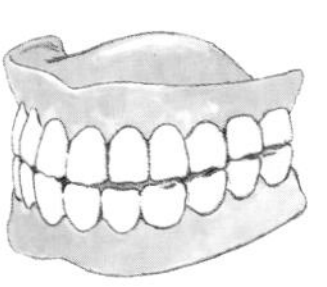

全瓷假牙

1770年，法国药剂师亚历克西斯·杜沙窦用坚硬的矿物膏生产出了全瓷假牙。早期的假牙是由河马的骨头制成的，长期使用会变成棕色，并且气味难闻。

钻孔机

1788年，美国人约翰·格林伍德用纺纱机制作了供牙医使用的钻孔机。它比公元1世纪由罗马外科医生阿基丹斯用一根绳子做成的钻孔机强很多。

载客飞行器

1783年，蒙哥尔费兄弟的热气球完成了首次飞行，成为第一架载客飞行器。

发明家

本杰明·富兰克林

（1706—1790）

本杰明·富兰克林几乎没有受过正规教育，但他却参与起草了《独立宣言》，带领美国走向独立。他冒着生命危险在雷雨中放风筝，证明了闪电是一种电的释放。利用这个发现，他发明了避雷针。

蒙哥尔费兄弟

蒙哥尔费兄弟是法国造纸商的儿子，他们制造了世界上第一架实用的飞行器——热气球。1783年9月，他们用热气球把他们的第一批乘客——一只公鸡、一只鸭子和一只绵羊送到了空中。两个月以后，他们又实现了首次载人飞行。

电力革命

当你用一把塑料梳子梳头的时候，你可能会看到梳子上闪动着噼噼啪啪的火花。它们是由静电引起的。用布和玻璃反复摩擦也可以产生静电，早期的发电机就是利用了这个原理。然而，1800年，一个更好的产生电流的方式被发现了：意大利科学家亚历山德罗·伏打发明了电池。电池能产生稳定的电流。英国科学家迈克尔·法拉第用电池做实验，发明了发电机和变压器。

人类创造了什么？

电

1831年，迈克尔·法拉第通过在磁铁附近移动一枚小铜针，发现了一股小电流，从而发明了发电机。几个月后，法国人皮克希制成了第一台实用型发电机，现代电力工业就此诞生。

时间和事件

1801年

意大利天文学家皮亚齐发现了第一颗小行星——谷神星。

1804年

贝多芬的第三交响曲《英雄交响曲》进行了第一次演出。

1811年

12岁的英国女孩玛丽·安宁发现了鱼龙化石。

1815年

印度尼西亚的坦博拉火山爆发，造成数以千计的人死亡。火山爆发产生的火山灰导致全球气温下降。

1818年

玛丽·雪莱创作了科幻小说《弗兰肯斯坦》，书中的怪物就是被电流激活的。

震惊……
恐怖！

发明和发现

电池

1800 年，意大利科学家亚历山德罗·伏打发明了电池。电压的单位“伏特”就来源于他的名字。

“克莱蒙特号”

1807 年，罗伯特·富尔顿建造了“克莱蒙特号”，这是第一艘蒸汽动力客运宽叶短桨汽船。从此它便开始航行于纽约和奥尔巴尼之间的哈得孙河上。

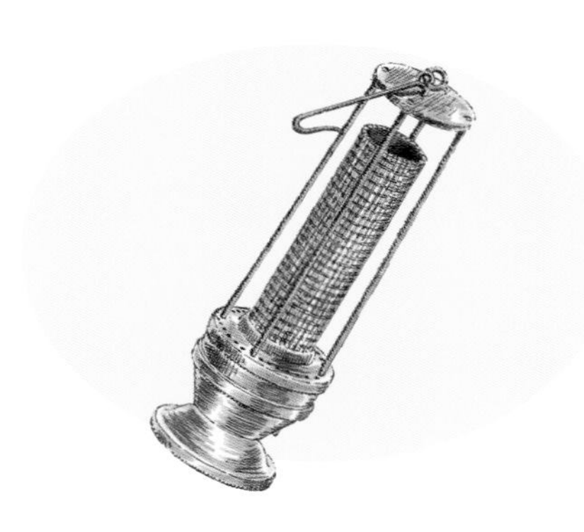

安全灯

1815 年，英国科学家汉弗莱·戴维发明了在矿井中不会爆炸的安全灯。火焰被罩在一个金属网罩里，所以不会点燃矿井中的可燃气体。

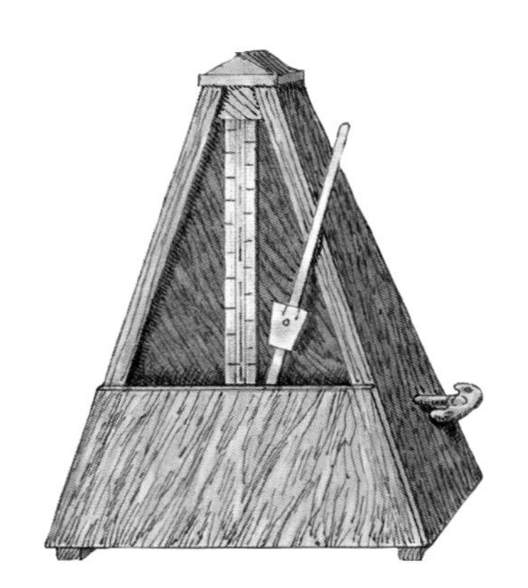

节拍器

1816 年，约翰·梅尔策尔发明了节拍器，它能在各种速度中发出一种稳定的节奏，可以在音乐家们进行演奏的时候起到指示的作用。

发明家

尼古拉·阿佩尔

（1752—1841）

他是法国的一名糖果制造商，他发明了能使食物保鲜的密闭容器，并用了 14 年的时间不断完善这种密封玻璃罐，水果、蔬菜、汤、奶制品和果酱盛装在玻璃罐中可以保持长时间不变质。

亚历山德罗·伏打

（1745—1827）

意大利的物理学家伏打发现，两种不同的金属接触时会产生电。利用这个知识，他发明了第一块电池，被称为“伏打电堆”。这种电池构造非常简单，由银片和锌片中间隔着浸透盐水的纸或布组成。伏打的电池就是靠着这堆东西产生化学反应来发电的。

罐头

1818 年，在法国人尼古拉·阿佩尔研究出来的食物保存方法的基础上，一家英国公司开始生产罐头，并向皇家海军提供罐头食品。在 1855 年开罐器被发明之前，打开一个罐头往往需要动用锤子和凿子等工具。

雨衣

1823 年，苏格兰人查尔斯·麦金托什生产出一种防水布料，用来制作雨衣。不过这种布料的味道十分难闻。

盲文

1824 年，从 3 岁起就失明的法国人路易·布莱尔为盲人发明了盲文。这是一种由点状的凸起形成的文字系统。

火车和铁轨

铁路的历史比机车久远得多。14世纪时，欧洲的矿场就有供一种木制的小型马车使用的铁路。1803年，康沃尔郡的工程师理查德·特里维西克制造了第一辆高压蒸汽机车，并被位于什罗普郡的科尔布鲁克戴尔钢铁厂所使用。9年后，也就是1812年，采矿工程师约翰·布伦金索普设计了第一辆实用的机车——齿轮机车，车轮和铁轨上都带有锯齿，车子行驶时二者的锯齿相吻合。1814年，工程师乔治·斯蒂芬孙首创在铁轨上行驶的新型蒸汽机车。

时间和事件

1821年

拿破仑·波拿巴逝世。他是法兰西第一帝国皇帝，滑铁卢战役失败后，被流放于圣赫勒拿岛，后病死于该岛。

1825年

英国爆发了第一次资本主义经济危机。

1829年

英国议会在伦敦设立了第一个警察机关。

1830年

法国七月革命爆发。

1831年

英国人法拉第用实验证明了电磁感应现象。

人类创造了什么？

铁轨

商人们很快意识到，带给乘客快速的乘坐体验是非常有利可图的。1829年，利物浦—曼彻斯特铁路公司在利物浦附近的雨山举行了蒸汽机车大比武。乔治·斯蒂芬孙和他的儿子罗伯特设计了一辆机车——“火箭号”。它的锅炉是全新的设计：共有25根管子经过燃烧室加热使水变成水蒸气。这个功能和改进的排气系统使“火箭号”能够以47千米的时速拖动14吨重的列车行进，速度是其他竞争对手的2倍。

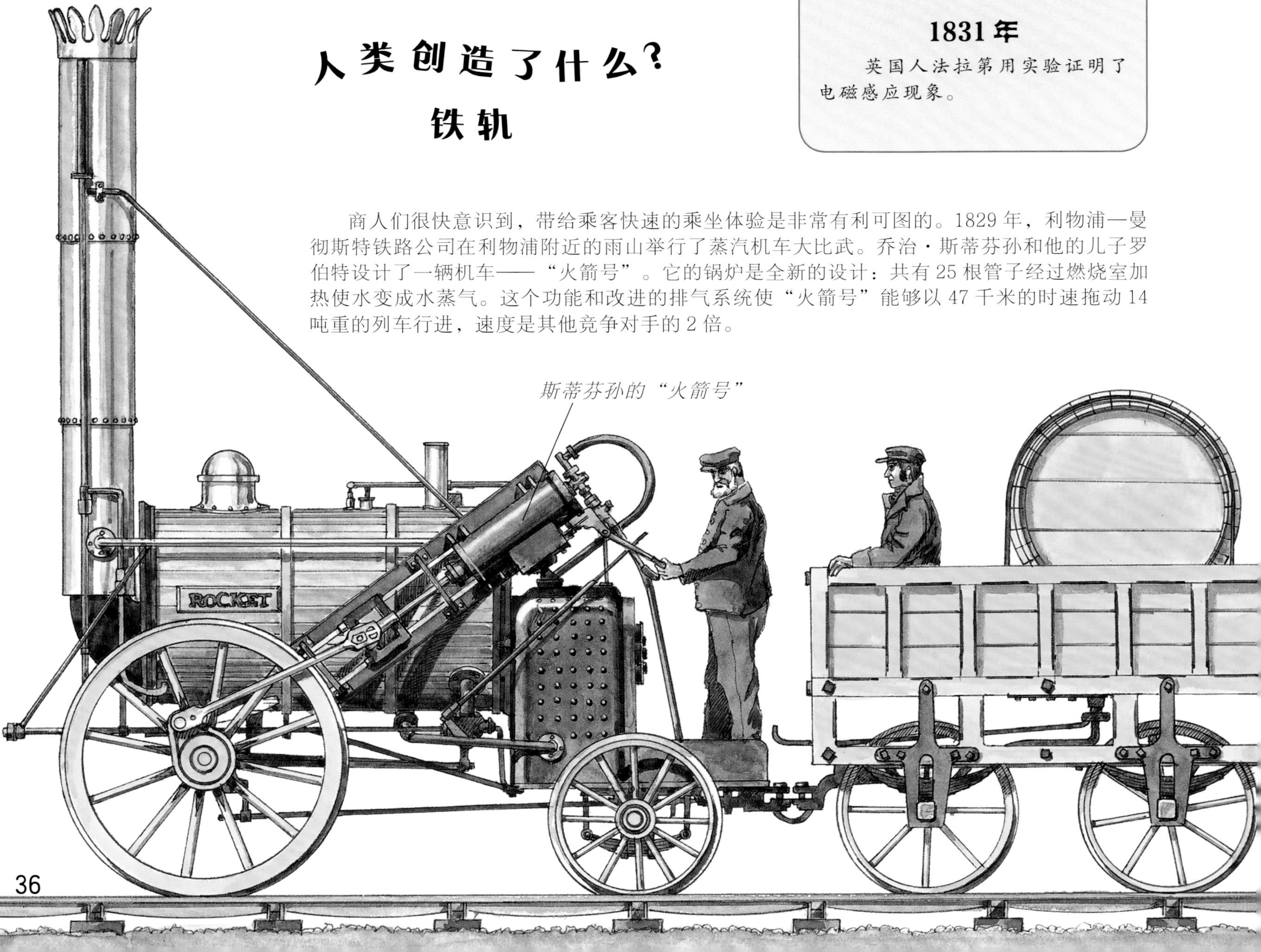

斯蒂芬孙的“火箭号”

ROCKET

发明和发现

缝纫机

1829 年，法国裁缝巴特勒米·迪莫尼耶制造了世界上第一台缝纫机。他开了一家拥有 80 台缝纫机的工厂用于制作军装。

割草机

1830 年，英国纺织工人埃德温·巴丁参照当时的裁布机，成功地发明了第一台割草机。

收割机

1831 年，美国的塞勒斯·麦考密克发明了一种高效能的收割机，用来收割粮食作物。它是 1826 年苏格兰部长帕特里克·贝尔发明的马拉收割机的改进版。

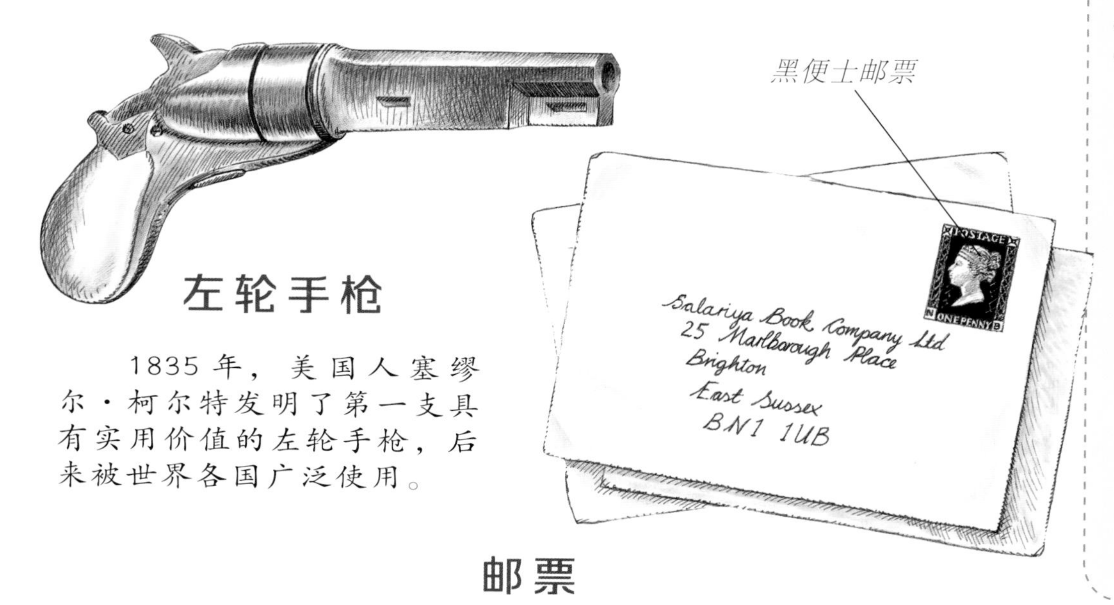

左轮手枪

1835 年，美国人塞缪尔·柯尔特发明了第一支具有实用价值的左轮手枪，后来被世界各国广泛使用。

邮票

1840 年 5 月，英国邮局推出了世界上第一枚邮票——黑便士，它是由邓迪市的大卫·查尔斯设计的，采用了维多利亚女王的头像作为图案。

发明家

约瑟夫·尼塞福尔·涅普斯

（1765—1833）

法国人约瑟夫·涅普斯用针孔照相机拍摄了世界上第一张照片。相机的背面是一块涂有沥青的金属板。8 小时后，在强光照射下的那部分沥青会变硬，当软沥青被洗掉时，图像就保留了下来。

查尔斯·巴贝奇

（1752—1841）

英国数学家查尔斯·巴贝奇制造了手摇风琴。它的工作原理是：通过转动手柄来推动空气，将空气吹进卡片上面的孔里，空气进入每个孔里后，音乐便被演奏出来了。用同样的方法，他又制造了一台机器，不过不是为了奏乐，而是用于数学计算，这台机器就是第一台数字计算器。

艾达·洛芙莱斯夫人

（1815—1851）

艾达是英国诗人拜伦的女儿，可以说是世界上第一位真正的计算机程序员。1834 年，艾达遇见了查尔斯·巴贝奇，作为一位出色的数学家，她为巴贝奇的计算器写了一段“代码”，来解释巴贝奇的计算机是如何进行运算的。这段“代码”被视为第一个“计算机程序”。

工厂和工具

19世纪上半叶，英国成为“世界工厂”。新工具的出现使英国工程师能够制造出各种先进的机械。随着发达的钢铁工业提供更多原材料，并给蒸汽发动机提供更强的动力，大量新发明得到应用。铁路、航运和土木工程中的运输革命似乎使世界变小了。机床在技术进步的过程中起着重要的作用。螺丝钉、杠杆和汽缸的精密度越来越高，可以被做成各种型号，这在以前是根本不可能的事。熟练的操作工被机器取代，产品第一次可以进行批量生产。

时间和事件

1840年

英国对中国发动了鸦片战争。

1843年

美国人塞缪尔·莫尔斯发明了一种新的电码。

1845年

爱尔兰陷入大饥荒，大批人病死、饿死。

1851年

法国的傅科证明了地球自转。

1853年

英国人乔治·凯莱制造了第一架滑翔机。

1859年

英国人查理·达尔文所著的有关生物进化理论的书籍——《物种起源》出版。

1859年

美国发现了石油，促进了现代石油工业的诞生。

人类创造了什么？

炸药

砰！

硝酸和甘油混合在一起时，会形成一种叫作硝化甘油的黄色液体。这是一种性质非常不稳定但威力极其强大的爆炸物。

阿尔弗雷德·诺贝尔将硝化甘油和干火药棉混合起来，制成了一种威力更强大的固体爆炸物，和以前的爆炸物相比，它用起来会更安全。1867年，诺贝尔为这种爆炸物申请了专利，并将其命名为“炸药”。

发明和发现

电报

1837 年，由威廉·库克和查尔斯·惠斯通研制的电报首次被使用。摆动的指针通过代码将消息发送出去。

第一台电报机

照相机

1839 年，路易斯·达盖尔发明了银版成像照相机。相机重 5 千克，通过有毒的水银蒸气成像。

银版成像照相机

军舰用蒸汽机

19 世纪 40 年代，非裔美国人本杰明·布拉德利发明了一台用于军舰的蒸汽机。因为身为奴隶，布拉德利无法获得专利，于是他卖掉了自己的发明，用赚来的钱换取了自由，彻底脱离了奴隶生活。

制糖蒸发器

1846 年，非裔美国人诺伯特·瑞利克斯为他发明的制糖蒸发器申请了专利。直到现在，这项发明仍被用于制糖业。

米涅弹

1849 年，克劳迪·米涅发明了米涅弹，这是一种用于带有膛线的枪管（比如来复枪）的子弹。发射时，子弹膨胀，嵌入膛线。当时欧洲和美国的军队都使用了米涅弹。

锁线缝纫机

1851 年，伊萨克·辛格为他的锁线缝纫机申请了专利。这种缝纫机是通过用脚踩动踏板进行工作的。缝纫时，缝纫者将布料固定在针脚和压脚之间，再转动齿轮，布料在移动时就被缝在一起了。

发明家

阿尔弗雷德·诺贝尔

（1833—1896）

瑞典化学家阿尔弗雷德·诺贝尔找到了如何使用硝化甘油的方法。他给这种极具爆炸性的物质装上了引爆装置，只要不点燃引爆装置，它便不会爆炸。诺贝尔把自己发明的这种爆炸物叫作炸药，这是世界上第一种相对安全的炸药。炸药给诺贝尔带来了巨大的财富，他捐献出 200 万英镑，设立诺贝尔奖金，每年都会颁发给那些在和平、物理、化学、文学、生理学或医学领域做出贡献的人。

亨利·贝塞麦

（1813—1898）

英国工程师亨利·贝塞麦通过卖“金粉”赚到了他的第一桶金。“金粉”来源于黄铜，是一种涂料添加剂。他还发明了制造玻璃的设备，在纺织和制糖方面也有多项发明，不过相比之下，他最著名的发明还是“酸性底吹转炉炼钢法”，这是第一种最经济实惠的能批量生产钢铁的方法。

繁华的城市

很多我们现在习以为常的东西都是在19世纪诞生的，没有它们，城市不可能发展得如此迅速。其中安全的供水系统是非常重要的发明之一。在许多城市，干净的饮用水通过管道被输送进千家万户。下水系统的建立及电力和煤气供应系统的开发，使人们的生活越来越方便。铁路快速发展，使客运和货运更经济、更便捷。

霍乱曾经在欧洲的很多城镇肆虐，直到1854年，人类终于发现了暴发霍乱的原因——水源被污染。为此，政府开始在城市中建立安全的供水系统和下水系统。

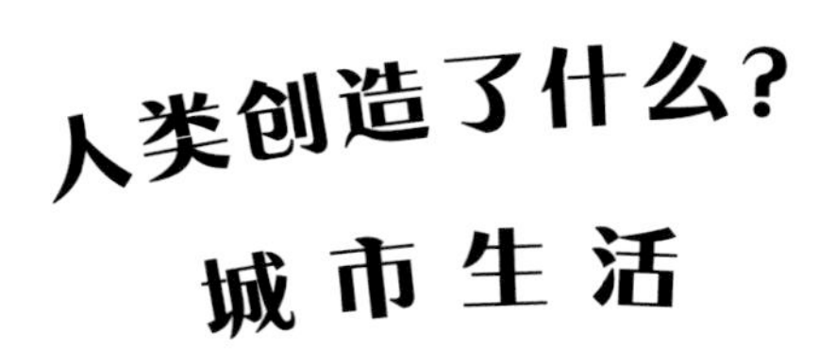

19世纪80年代末，美国、英国、德国出现了有轨电车。

渐渐地，那些现代的生活设施，像煤气、电灯、冷热自来水、抽水马桶等，开始陆续在城市中的富裕家庭里出现。

发明和发现

飞艇首航

1852 年，法国人亨利·吉法尔乘坐着他的流线型氢气飞艇进行了首次飞行。飞艇的工作原理是：蒸汽发动机驱动螺旋桨，螺旋桨再推动飞艇前进。这次飞艇旅行把吉法尔从巴黎带到了特拉普，共飞了 27 千米的路程。

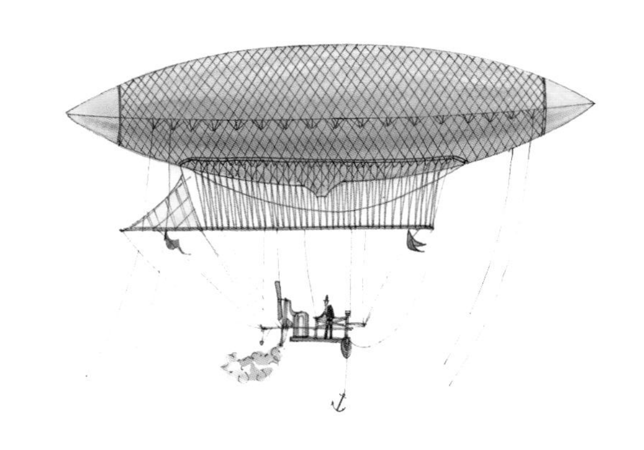

转炉炼钢法

1856 年，亨利·贝塞麦设计了一个转炉，将空气吹入铁水，把铁水变成钢铁。虽然现在这种技术已经不再使用，但它在当时却是一项极其重要的发明。

老式自行车

1861 年，法国人厄内斯特·米肖发明了老式自行车，这是一辆由前轮驱动的自行车，两个踏板在前轮上。

卫生纸

1857 年，约瑟夫·盖耶蒂发明了卫生纸，纸面十分平滑。这种最早期的卫生纸并不是现在常见的卷纸形状，而是一片一片的。

地下火车站

1863 年，世界上第一个地下火车站在伦敦建设完成。

海底电缆

1866 年，世界上第一条海底电缆在美国和英国之间的海域铺设完成。

红十字会

1863 年，红十字国际委员会在日内瓦成立，旨在照顾那些在战争中受伤的人员。

元素周期表

1869 年，俄国的门捷列夫发现了化学元素周期律，他将当时已知的元素依原子量的大小排列并以表格的形式呈现，这就是元素周期表的雏形。

新通信时代

19世纪末，电力彻底改变了人类的通信方式。1800年，大多数信息都是通过骑在马背上的信使、马车或轮船传送的。到了1900年，电报可以在几小时内横跨几大洲，将消息发送到世界各地，电话系统在欧洲和美国已经普及，最早的无线电系统也开始研发。就在19世纪，经由意大利科学家伽利尔摩·马可尼的研发，无线电通信技术诞生了，人类通信从此彻底摆脱了导线，进入了新纪元。

时间和事件

1881年

世界上第一条有轨电车线路在柏林交付使用。

1885年

德国的卡尔·本茨发明了汽油内燃机汽车。

1886年

美国35万余工人举行罢工，要求实行8小时工作制。

1889年

在第二国际的成立大会上，每年的5月1日被定为国际劳动节，简称五一。

巴黎埃菲尔铁塔在这一年建成，成为法国的地标性建筑。

人类创造了什么？

电灯泡

1878年，美国的托马斯·爱迪生和英国人约瑟夫·斯旺一起制作出了电灯泡。他们在1881年的巴黎电力展览会上展示了自己的作品，立刻得到了广泛关注。很快，他们的电灯泡就被应用在了各种照明装置上。

这个不行，换一种材料再试试！

托马斯·爱迪生

发明和发现

电话

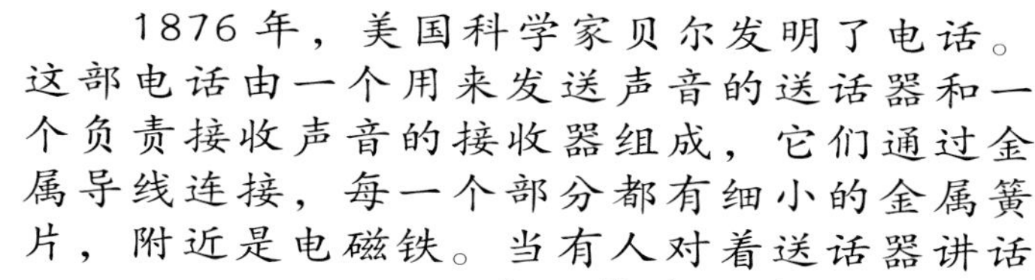

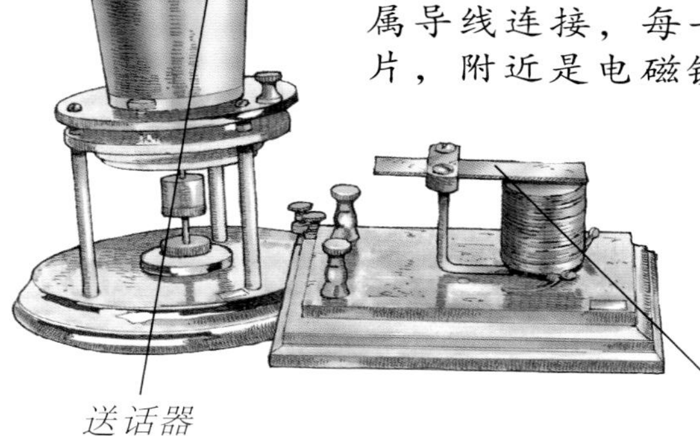

1876 年，美国科学家贝尔发明了电话。这部电话由一个用来发送声音的送话器和一个负责接收声音的接收器组成，它们通过金属导线连接，每一个部分都有细小的金属簧片，附近是电磁铁。当有人对着送话器讲话时，簧片就会振动，再带动电磁铁振动，发出电流，传送给接收器。电流使接收器中的簧片移动，再现送话器中发送的声音。

电话交换机

19 世纪 80 年代，随着电话网络遍布城镇，电话得到了快速发展。电话交换机连接着千家万户。1889 年诞生了第一台自动电话交换机，同一年，投币电话问世。

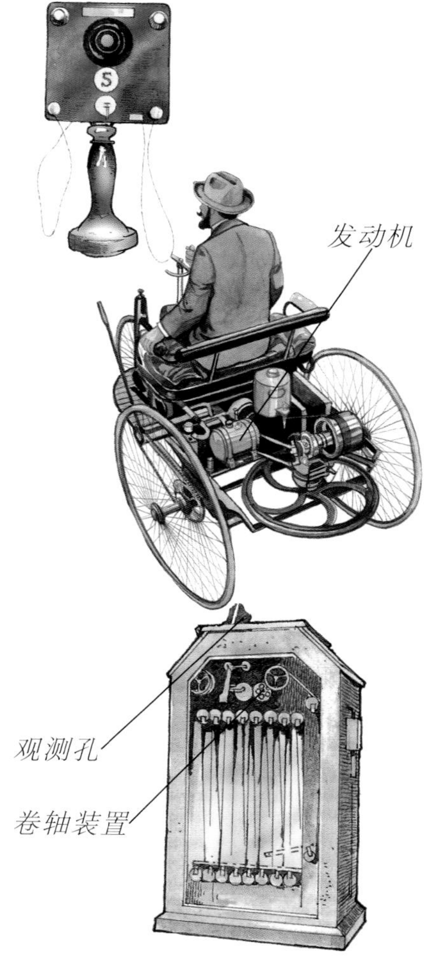

汽车

1885 年，德国工程师卡尔·本茨制造了世界上第一辆汽车。这是一辆三轮汽车，动力来源是一个单缸汽油发动机。

电影放映机

1891 年，爱迪生发明了活动电影放映机，这是一种能放映 15 秒电影的幻灯机。机器转动胶片的卷轴，人们通过顶部的观测孔就可以欣赏到影片了。

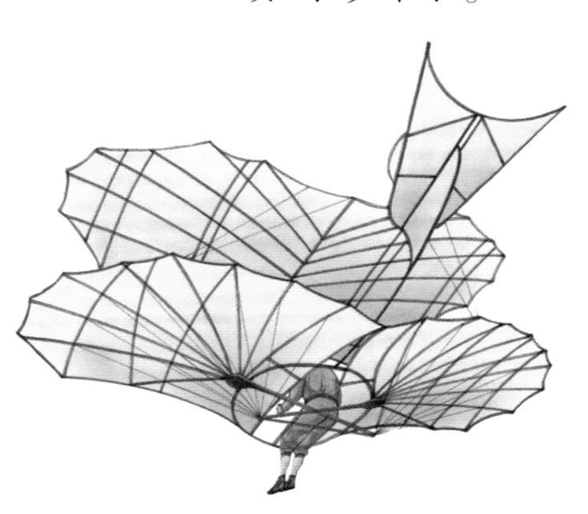

动力飞行

1891 年，德国工程师奥托·李林塔尔试验了单翼机和双翼滑翔机。1896 年，他在一次飞行事故中丧生，没能实现自己动力飞行的梦想。

发明家

托马斯·爱迪生

（1847—1931）

爱迪生的发明对 20 世纪人类的生活产生了重大影响。他发明了自动收报机、留声机、活动电影放映机和电灯等，其中最伟大的发明是电灯。他一生共获得了 1000 多项发明专利。

伽利尔摩·马可尼

（1874—1937）

马可尼是意大利的物理学家和电气工程师，他发明了无线电和无线通信，利用电磁波来传递信息。1895 年，第一条无线电通信线路成功开通。1901 年，他发出了第一个跨越大西洋的无线电信号。

路易斯·拉蒂默

（1848—1929）

非裔美国人路易斯·拉蒂默设计了经济实惠的电气照明装置，并在纽约、费城和伦敦三地设立了电气照明系统。他的著作《白炽灯照明》成为照明工程师必不可少的教科书。拉蒂默还帮助贝尔在申请电话专利时画了图纸。

终于飞上天

最早成功飞上天的飞行器是热气球，如蒙哥尔费兄弟的热气球。19世纪末20世纪初，人类开始探索动力飞行，并且这项事业贯穿了整个20世纪。人类越飞越快，越飞越高，越飞越远，超音速飞机出现、载人登月、无人驾驶飞行器被逐一实现。探访外星球，比如探访火星，已经小试牛刀。不过，在20世纪，真正对人类生活有着巨大影响的却是内燃机和汽车的发展。

时间和事件

1893年

新西兰成为世界上第一个女人拥有选举权的国家。

1895年

奥地利心理学家西格蒙得·弗洛伊德发表了他的第一部有关心理分析的著作。

1896年

第一届现代（夏季）奥林匹克运动会在希腊首都雅典举行。

1898年

法国科学家比埃尔·居里和玛丽·居里夫妇宣布他们发现了镭。镭使用放射线治疗癌症成为可能。

发明和发现

血型

20世纪初，安全输血成为可能。卡尔·兰德斯坦纳发现人们有着不同的血型：A型、B型、AB型和O型。人输血时输入和自己血型相同的血液才安全，早期输血就是因为不分血型才使很多病人失去生命的。

潜艇

1900年，第一艘现代潜艇在美国试验成功。

吸尘器

1900年，一台灰尘清扫器被授予专利，它可以通过管嘴吸入空气，是未来真空吸尘器的前身。

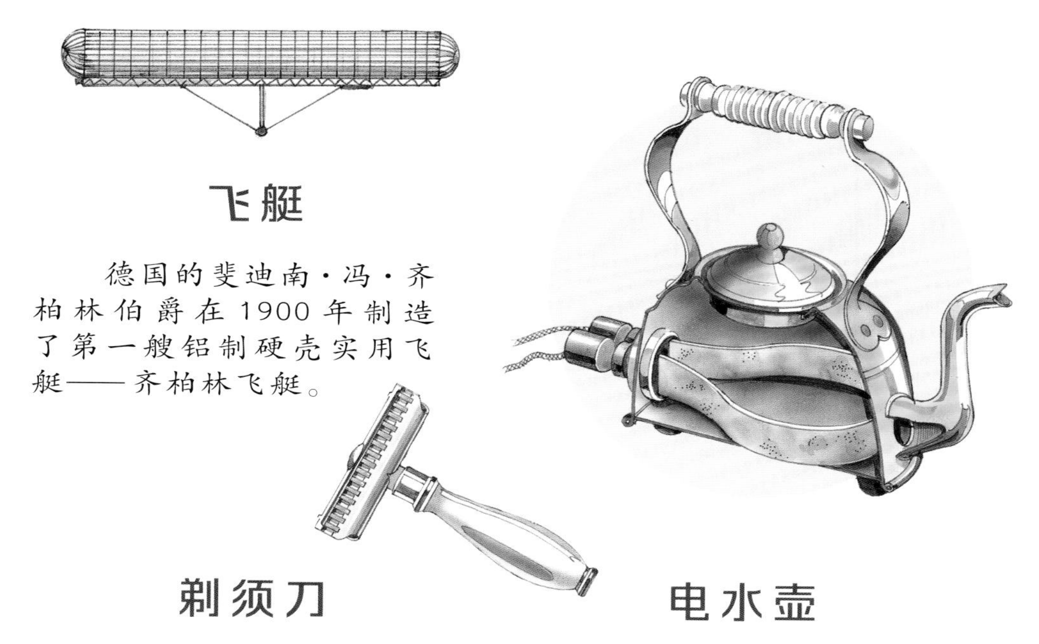

飞艇

德国的斐迪南·冯·齐柏林伯爵在1900年制造了第一艘铝制硬壳实用飞艇——齐柏林飞艇。

剃须刀

1901年，美国旅行推销员金·坎普·吉列发明了一次性双刃刀片的安全剃须刀。他发明的剃须刀刀片使用一次后即可扔掉，再用新的取而代之。至1906年，吉列售出了9万把剃须刀和1240万片刀片。

电水壶

1900年，电水壶问世。不过当时很多家庭并没有通上电，但是发明者坚信，当家家户户都用上电的时候，电水壶将会给人们的生活带来极大便利。

发明家

莱特兄弟

莱特兄弟在美国俄亥俄州的代顿长大。当他们还是孩子的时候，父亲送给他们一个玩具飞陀螺，这激发了他们长达一生的飞行兴趣。长大后，莱特兄弟开了一家自行车制造厂，但是他们从来没有停止过对飞行问题的思考。

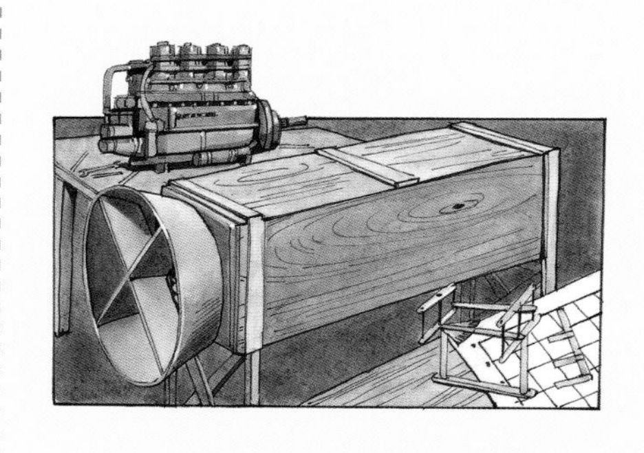

莱特兄弟设计并且制作了很多机翼，他们进行风洞测试，希望找到一个能产生更大的升力并且最适合飞行的设计方法。1903年12月17日，奥维尔·莱特驾驶着他们的飞机“飞行者号”，在空中飞行了12秒，这是他们的首航。此后，他们仍坚持不懈地研制飞机，进行飞行试验。即便兄弟中的一个在1912年因伤寒去世，另一个仍坚持独自奋斗了30年，使莱特飞机公司成为世界上著名的飞机制造商。

科技的新变化

1914年，第一次世界大战爆发。战争使人类科技的发展产生了新的变化，机枪、毒气和坦克成为新的发明热点，飞机成了致命的武器，潜水艇则威胁着航运。在美国，亨利·福特通过大规模生产，使汽车成为大众消费品，每90秒就有一辆时速65千米的福特Ts型汽车下线。1908年，买一辆福特T型车需花费850美元（相当于当时一个体力劳动者一年的工资）。当1927年福特T型车停产时，该车型已经生产了1500万辆。

人类创造了什么？汽车量产

时间和事件

1903年

法国科学家居里夫人成为荣获诺贝尔物理学奖的第一位女性。

1905年

科学家阿尔伯特·爱因斯坦发表了相对论。

1909年

法国的路易·布莱里奥驾驶着一架小小的单翼机，飞越了英吉利海峡，开创了历史上第一次国际航行。

1911年

新西兰物理学家欧内斯特·卢瑟福发现了原子核。

1911年

挪威的罗尔德·阿蒙森成为第一个到达南极点的人。

发明和发现

泰迪熊

1902 年，美国总统罗斯福在一次狩猎时，不忍射杀一头憨态可掬的黑熊，而且发誓不再猎杀黑熊。这件事让莫里斯·米奇汤姆突生灵感，设计制作了一只玩具小熊，因为罗斯福总统的小名叫“泰迪”，于是这只小熊就被命名为“泰迪熊”。

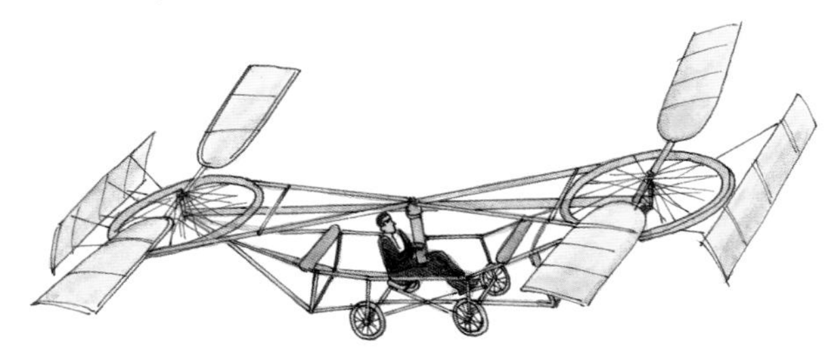

直升机

1907 年，法国人保罗·科尔尼制造了一架双旋翼直升机并进行了短暂的飞行，不过因为资金不足，他没能将试验继续下去。直到 20 世纪 30 年代，第一架稳定实用的直升机才问世。

面包机

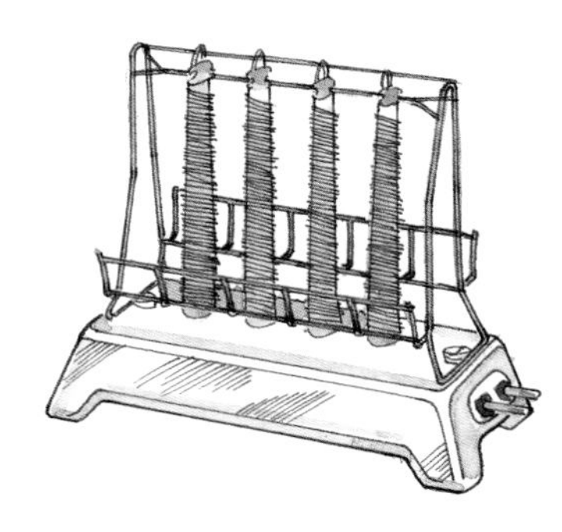

1909 年，美国通用电气公司生产了第一台电烤面包机。此后不久，越来越多的电器被发明出来，如手持吹风机（1920 年）、冰箱（1923 年）和剃须刀（1928 年）。

水上飞机

1910 年，亨利·法布尔制造了一架水上飞机。这架样子奇特的水上飞机，机尾朝前，没有可以坐的机身，飞行员坐在两根木梁上。飞机由三个浮筒代替轮子。

发明家

亨利·福特

（1863—1947）

美国工业先驱亨利·福特在 1896 年制造了他的第一辆汽车。1908 年，他展出了著名的 T 型车，这是一辆易于制造和修理的汽车。它通过一个踏板控制一个双速变速箱，非常容易驾驶。

乔治·华盛顿·卡佛

（1865—1943）

非裔美国人乔治·华盛顿·卡佛是一名农业化学家，还是一名极其成功的发明家。他发明了花生和大豆的上百种用法。卡佛还发明了黏合剂、漂白剂、燃料型煤、油墨、速溶咖啡、油毡、金属抛光剂、刮胡膏、鞋油和木材着色剂。

广播和电视

无线电广播和电视都是通过电磁波传送消息的，而电磁波是1887年由德国物理学家赫兹发现的。1901年，伽利尔摩·马可尼将一个无线电信号从英国发送到了加拿大，证明了无线电波可以远距离传送信息。1925年，苏格兰人贝尔德传送了第一个电视画面。1929年，贝尔德说服英国广播公司（BBC）发送了世界上第一个电视节目，当时世界上所有的电视（一共100台）都接收到了这个节目。1937年，BBC采用了一套全电子化的广播系统。相较于贝尔德系统，该系统更多地使用了摄像机，可以提供更好、更稳定的图像，而且还更便宜。

人类创造了什么？
电视

1926年，贝尔德向公众演示了他的电视系统，传送了一段很简短、很模糊的口技表演者图像。

时间和事件

1912年

被誉为"世界工业史上的奇迹"、号称永不沉没的"泰坦尼克号"在首航中因撞上了冰山而沉没，事故中超过1500人丧生。

1914年

连接大西洋和太平洋的巴拿马运河开通。

1914年

弗朗茨·斐迪南大公在萨拉热窝被暗杀，引发了第一次世界大战。

1916年

坦克问世，它能跨越战壕，冲破铁丝网，摧毁大炮阵地。但早期的坦克行进速度很慢，而且还不稳定。

1917年

英国海军将"暴怒号"巡洋舰改装成世界上第一艘能搭载常规起降飞机的军舰，标志着航空母舰的诞生。

合成氨

德国化学家弗里茨·哈柏研究出了氨的合成方法。1914年，在他的建议下，德国政府成功地用氨制作出了炸药。弗里茨·哈柏既协助组织了毒气战，又组织了毒气防御战。

弗里茨·哈柏

手持电吹风

1920年，美国通用电气公司制造出了手持电吹风。它的工作原理是：一台小型电机使空气吹过加热的细丝，从而吹出热风。

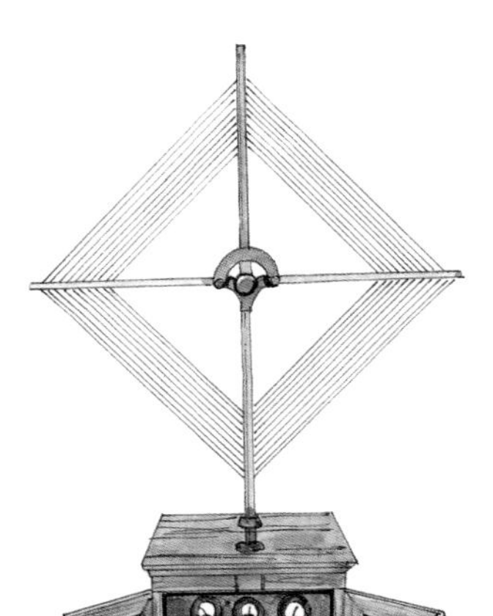

收音机

1923年，斯特林“三线管”收音机（右图）问世，它的天线可以旋转，以便接收到最好的信号。

火箭

1926年，罗伯特·戈达德成功地发射了第一枚液体燃料火箭。这是德国V-2导弹的前身，也是后来的航天运载器的前身。

传真机

1925年，贝利诺电传照相机被用来通过电话网络传送黑白图片。它是现代传真机的前身。

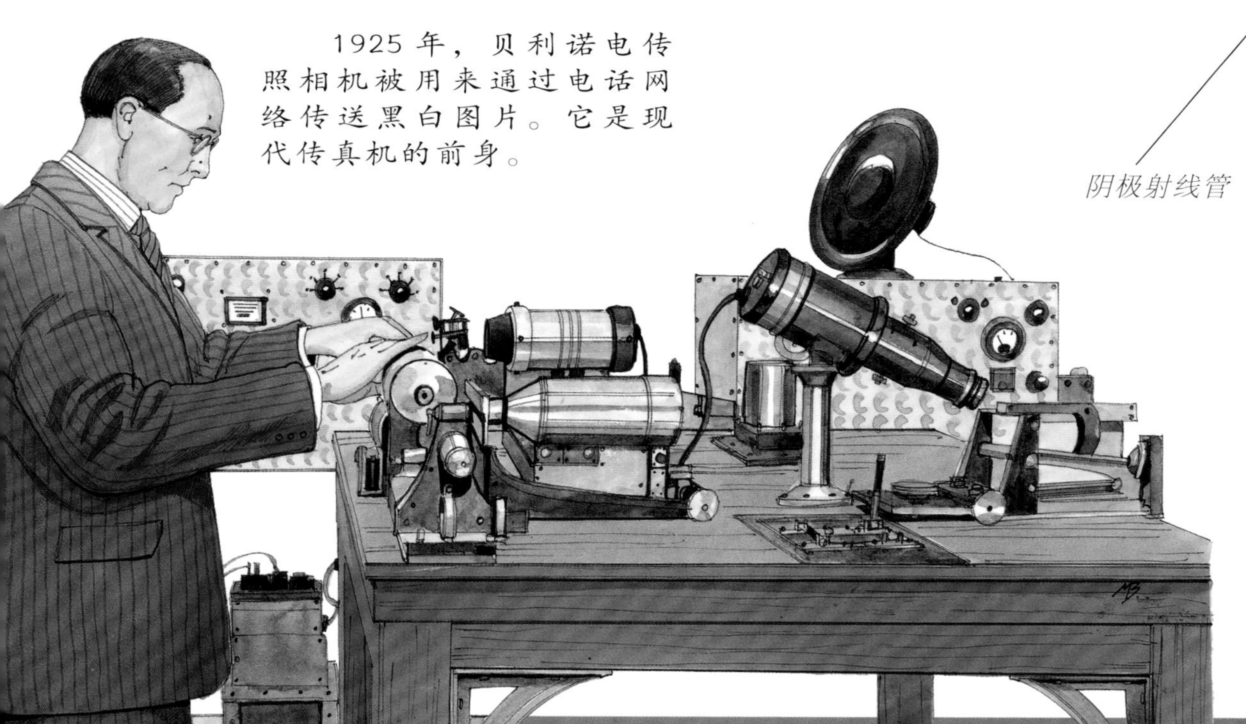

电视机

上图是从贝尔德设备上传送出的第一幅电视画面。

1936年，英国通过英国广播公司开始了第一次黑白电视公共服务，当时一台电视机的价格大约是125英镑，在20世纪30年代，这可是一大笔钱哪！第二次世界大战后，电视在整个欧洲普及。20世纪40年代末，彩色电视机在美国问世。20世纪下半叶，看电视成为世界上最受欢迎的娱乐方式。

下图是一台1935年的电视机，上面有阴极射线管、无线电接收器和扬声器。

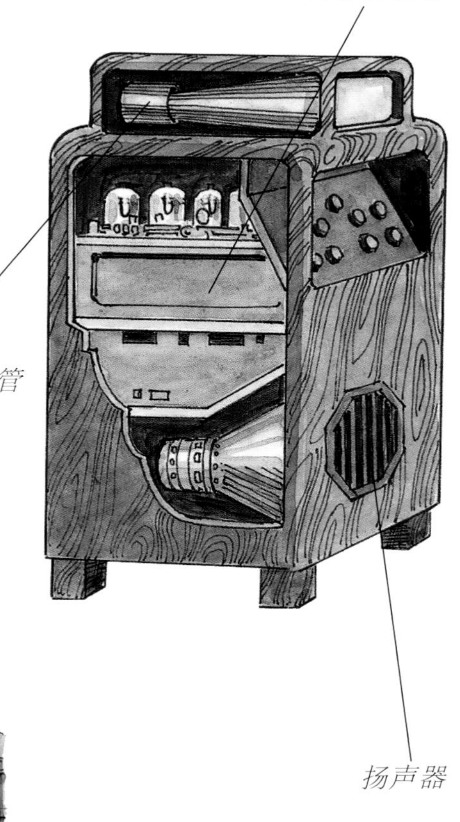

大型跨国工业

1939年9月，第二次世界大战爆发，源于战争的发明改变了每个人的生活。具有强大杀伤力的新武器出现，如德国的V-2远程火箭推进式导弹和1945年被投在日本的原子弹。高精尖的新式武器需要有同样精密的系统来控制它们，于是第一代电子计算机应运而生。大型跨国工业也从这个时期开始迅猛发展。

1927年

美国天文学家爱德文·哈勃发现太空中有很多星系。

1930年

英国女飞行员艾米·约翰逊只身一人驾机从伦敦飞到澳大利亚，成为第一个单人飞行的女飞行员。

1936年

非裔美国运动员杰西·欧文斯在奥林匹克运动会上夺得4枚金牌。

1939年

德国入侵波兰，第二次世界大战爆发。

人类创造了什么？
喷气式发动机

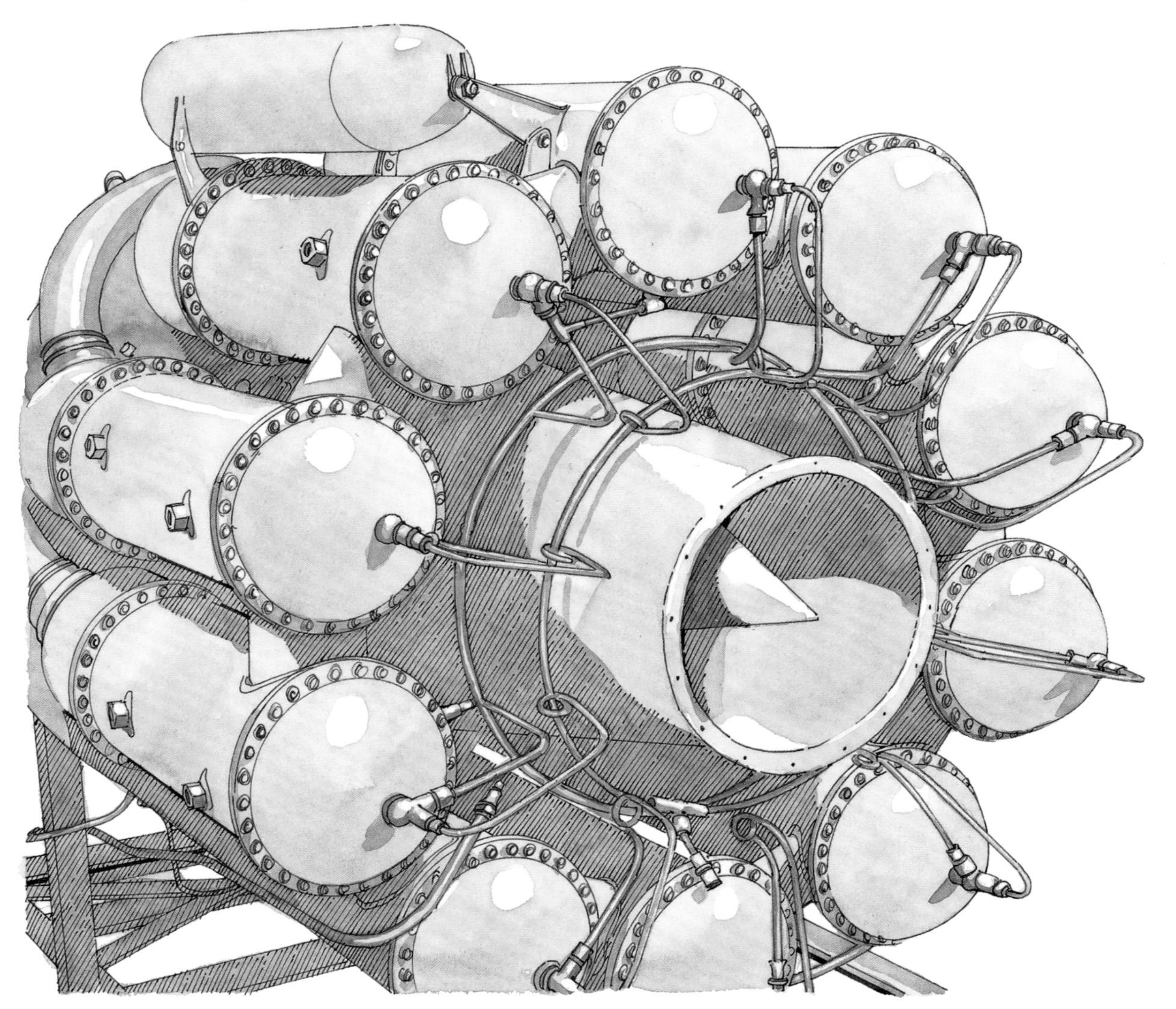

喷气式发动机是由英国人弗兰克·惠特尔和德国人汉斯·冯·奥海恩研发的。德国人在1939年8月制造出了第一架喷气式飞机，并成功试飞。喷气式发动机比活塞式发动机动力更强劲。

发明和发现

自动牙刷

1930 年，卡佛尔液压自动牙刷被发明出来。它用一根管子连接在水龙头上，利用水压转动牙刷头儿。

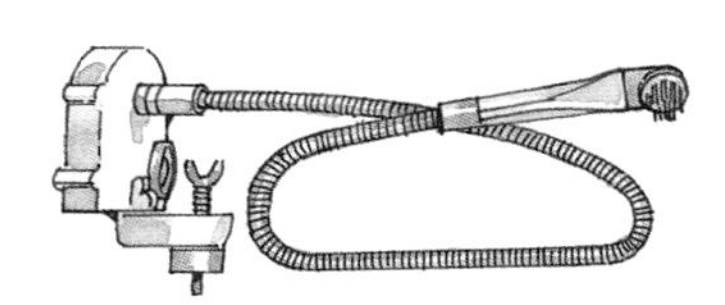

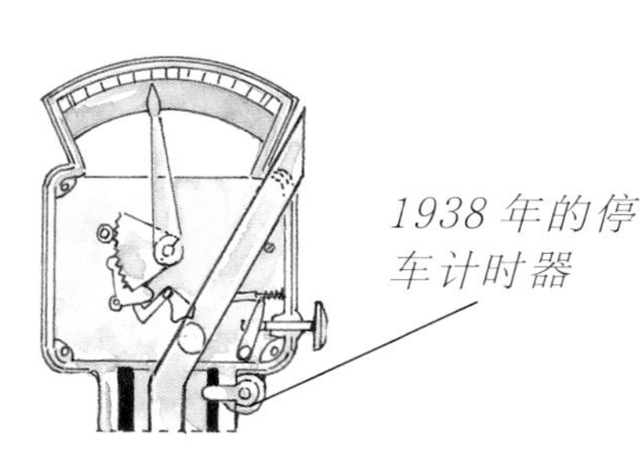

1938 年的停车计时器

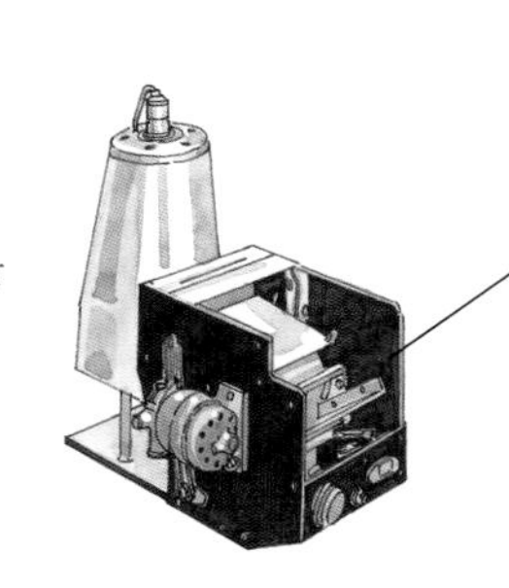

复印机

停车计时器

1933 年，卡尔顿·梅杰发明了停车计时器。

复印机

1938 年，查斯特·卡尔逊发明了一种复印技术。上图是他的复印机样机。

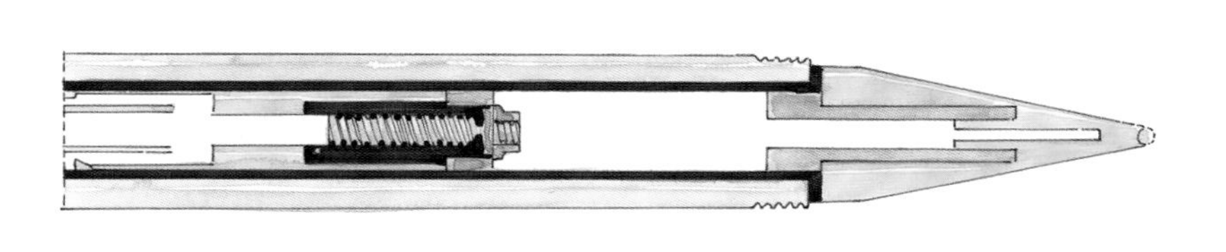

圆珠笔和速干墨水笔

1938 年，拉迪斯洛·比罗和格奥尔格·比罗兄弟俩发明了装有速干墨水的圆珠笔。

雷达是一个国家防御体系的重要组成部分

雷达

1939 年，英国在海岸线上建立了雷达防御系统，用来抵挡德国军队的进攻。雷达使用无线电波探测物体，测量它们的距离，可以全天候工作。

第一台现代电子计算机

1946 年，电子计算机问世，它是世界上第一台现代电子计算机。它重 30 吨，要用一个很大的房间才装得下。以前需要花费一年的运算量，用这台机器只需要 1 小时即可完成。

发明家

亚历山大·弗莱明

（1881—1955）

亚历山大·弗莱明是一位专门研究细菌的英国科学家。1928 年，一个很偶然的机会，他发现他的培养皿中有一种霉菌杀死了周边的细菌。这种霉菌属于青霉素孢子的一部分。

通过对这一发现的研究，科学家霍华德·弗洛里和钱恩找到了提纯青霉素的方法，并应用到临床。青霉素从 1940 年第一次被应用于患者，它有效地减少了因患败血症而感染致死的人数。

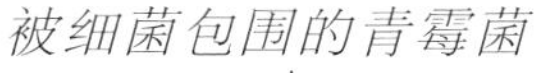

被细菌包围的青霉菌

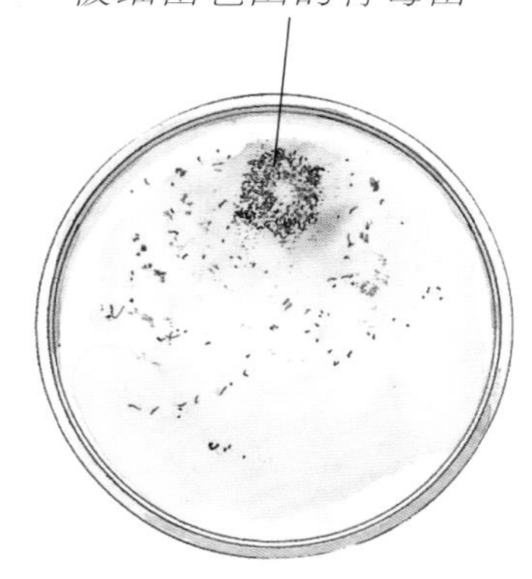

步入太空

第二次世界大战后期，科技发展得越来越快，世界步入了太空时代。世界上的两个超级大国——苏联和美国竞争激烈，都想第一个进入太空领域。1957 年，苏联发射了世界上第一颗人造地球卫星。另外，核能不仅可以作为能源，还能够制造核武器，这又引发了世界各国在核能领域的激烈竞争。

时间和事件

1941 年

日本袭击美国珍珠港的海军基地，美国为此加入第二次世界大战。

1945 年

美国在日本投下了原子弹。德国和日本投降，第二次世界大战结束。

1945 年

联合国成立。

1957 年

苏联发射了第一颗人造卫星"斯普特尼克 1 号"。同年晚些时候，"斯普特尼克 2 号"搭载了一只名叫"莱卡"的狗升空。

1958 年

美国核潜艇"鹦鹉螺号"首次完成在北极冰群下穿越极地的航行。

人类创造了什么？

核能

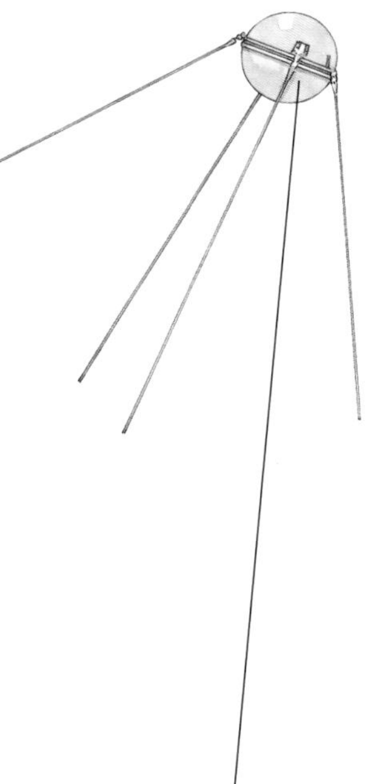

"斯普特尼克 2 号"

发明和发现

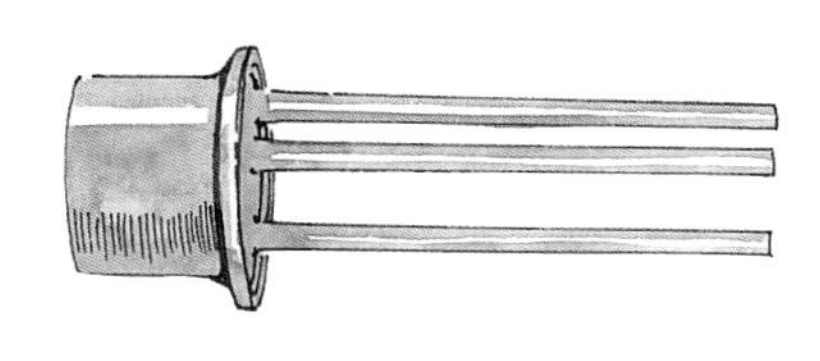

晶体管

1947 年，晶体管问世。它能用电来控制电，这是现代电子技术的开端。

铁肺

疫苗和铁肺

1953 年，约瑟夫·索尔克发现了一种预防脊髓灰质炎的疫苗。患有此病的人可以用铁肺——人工呼吸机进行治疗。

核动力舰艇、潜水艇、氢弹

1954 年，核动力舰艇和潜水艇被制造出来。美国和苏联制造了最早的氢弹。

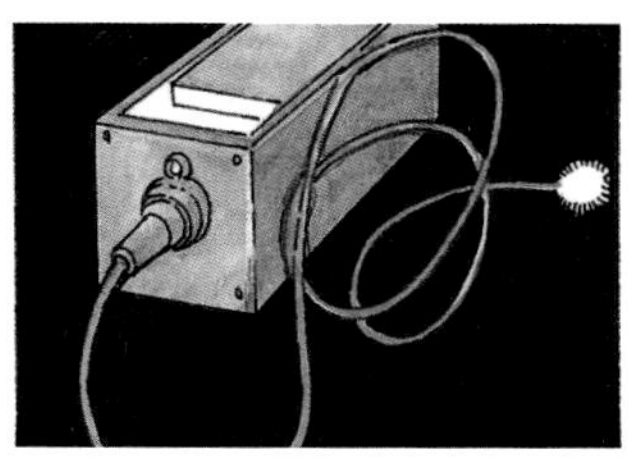

光纤

1955 年，纳林德尔·卡帕尼发明了光纤。光纤使曲线传播光线成为可能，这引发了通信行业在 20 世纪 70 年代的重大变革。

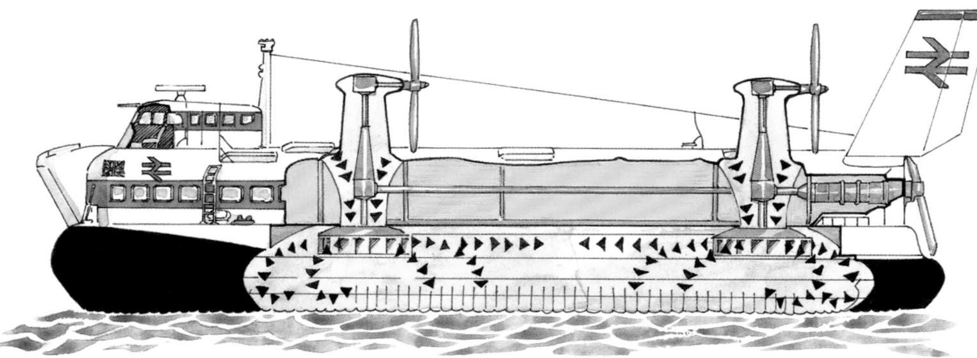

气垫船

1955 年，克里斯托弗·科克勒尔发明了气垫船。第一艘全尺寸气垫船在 1959 年 5 月通过测试。运载车辆的大型气垫船在 20 世纪 60 年代得到开发与发展，气垫船正式投放于英吉利海峡进行运输活动。

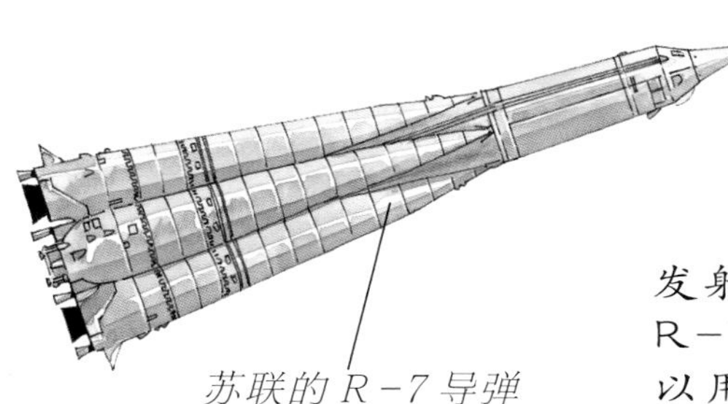

苏联的 R-7 导弹

R-7 导弹

1957 年，苏联的 R-7 导弹发射了“斯普特尼克”人造卫星。R-7 的体积和动力证明它完全可以用来发射核武器，穿过大西洋。

发明家

罗伯特·奥本海默

（1904—1967）

美国物理学家罗伯特·奥本海默在他的新墨西哥州的实验室里研制出了原子弹。1945 年，他耗资 20 亿美元进行了项目的首轮测试。科学家们被冲到 37 千米高空的巨大蘑菇云震惊了。

弗朗西斯·克里克

（1916—2004）

詹姆斯·沃森

1962 年，英国人弗朗西斯·克里克和美国人詹姆斯·沃森因发现了 DNA 的双螺旋结构而获得了诺贝尔奖。DNA 是生物体中的遗传物质，它的发现是分子生物学的开端，此后才出现基因治疗法和克隆技术等。

登陆月球

1961 年 4 月 12 日，苏联成为首个将人类送入太空的国家。1969 年，美国宇航员尼尔·阿姆斯特朗成为首个踏上月球的人。从 20 世纪 60 年代开始，卫星就被应用于观测天气和提供通信联络。这种全球通信系统意味着全世界各个角落的新闻都可以立刻被发送到任何地方的电视屏幕上。

人类创造了什么？登陆月球

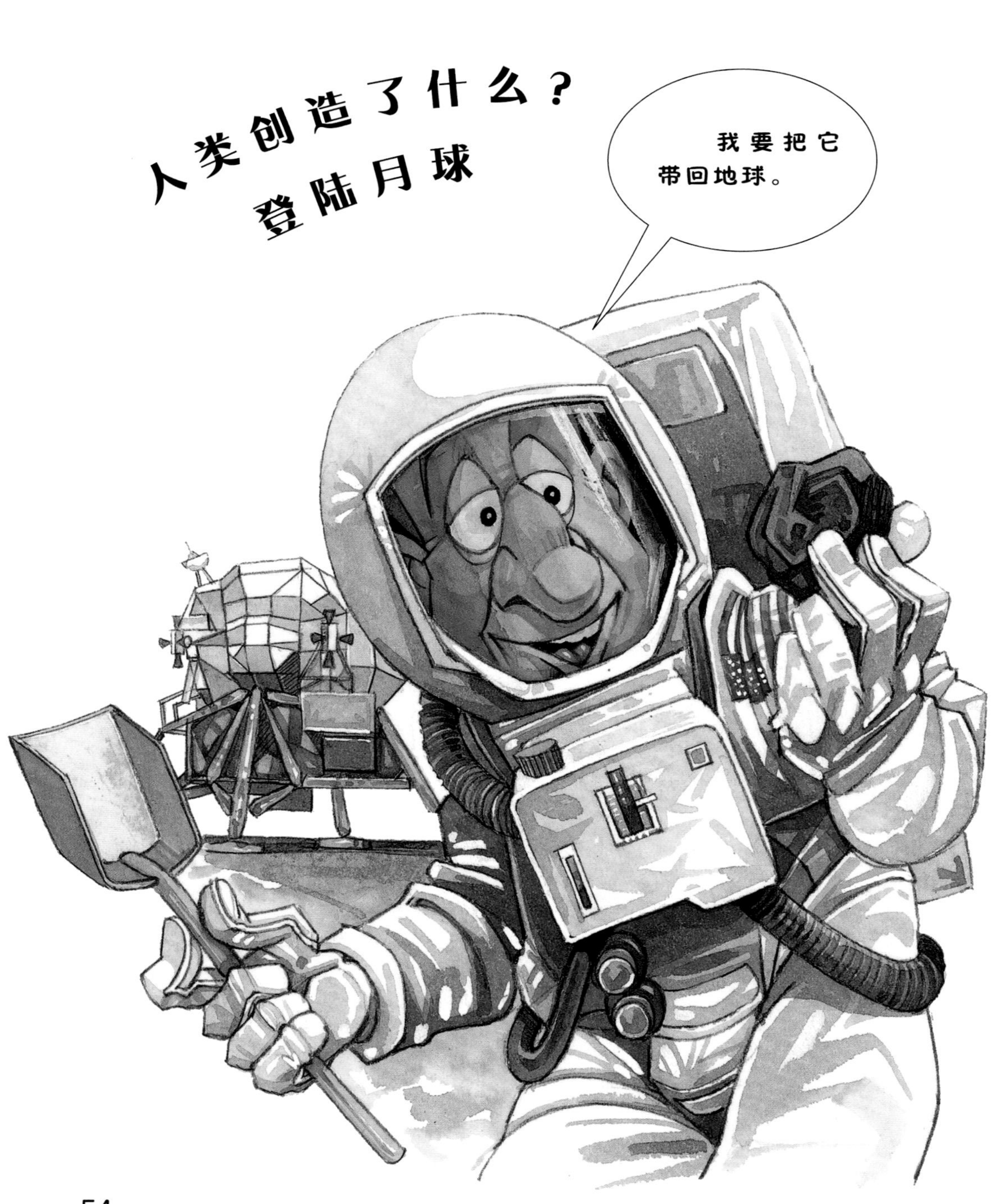

时间和事件

1961 年

美国总统肯尼迪郑重宣布美国将在 1970 年之前把人类送上月球，再安全带回。

1963 年

俄罗斯人瓦莲京娜·捷列什科娃成为第一位进入太空的女性。

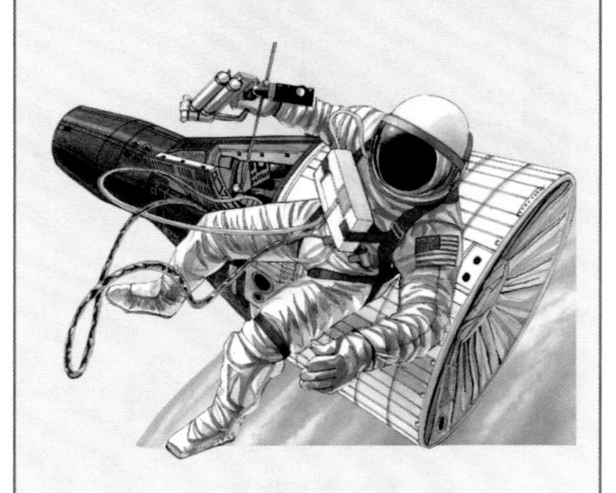

1965 年

美国宇航员爱德华·怀特成为第一个在太空行走的美国人。

1969 年

美国宇航员登陆月球。阿姆斯特朗迈出他登月的第一步，数百万人在电视机前见证了这历史性的一刻。

发明和发现

激光

1960年，西奥多·梅曼制作了第一个激光器。它可以产生一束强有力的细长光束。激光器目前被应用于通信、外科手术等很多领域。

激光器

载人宇宙飞船

1961年，苏联发射第一艘载人飞船，尤里·加加林少校成为第一个进入太空的人。飞船沿着地球飞行一周后，在俄罗斯的伏尔加河附近着陆。

通信卫星

1962年，通信卫星被发射升空。它是世界上第一个国际通信卫星，可以支持远程电视信号传播。

电脑游戏

1962年，第一款电脑游戏《太空大战》问世。

碳纤维

1963年，研究人员通过控制合成纤维的热量，制成了坚固耐用的碳纤维。

文本电子存储

1964年，美国IBM公司在电子打字机中放入一种装置，打出来的文本有格式布局细节，能够以电子方式储存在磁带上。从此，大量的文本就可以被储存在磁带上了。

滑板

1967年，冲浪者在冲浪板底座的木板上装上了轮子，滑板就这样诞生了。人类从此可以在陆地上“冲浪”了。

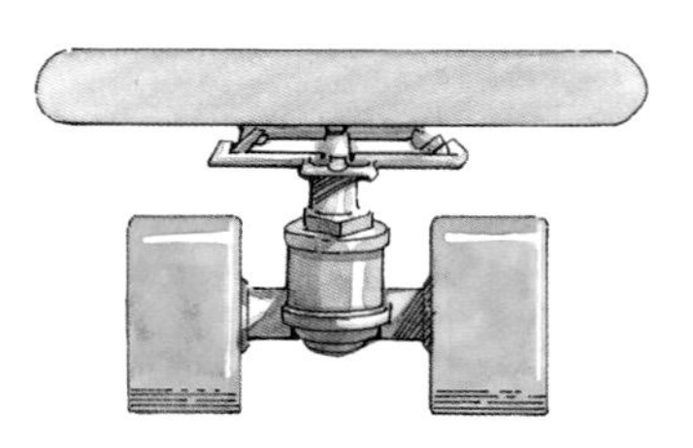

心脏移植

1967年，心脏移植手术首次获得成功。手术中，捐赠者的心脏被紧紧贴附在接受者心脏的上半部分，最后完成缝合。

发明家

韦纳·冯·布劳恩

（1912—1977）

来自德国的科学家韦纳·冯·布劳恩在第二次世界大战期间研发了V-2导弹。1945年，德国战败，冯·布劳恩向美国投降，成为美国的公民。在美国，他是执行太空计划的主要科学家。

克里斯蒂安·巴纳德

（1922—2001）

来自南非的克里斯蒂安·巴纳德医生第一个成功进行了人类心脏移植手术。但14天后，患者对移植的器官产生排斥，不幸去世。不过现在的心脏移植手术存活率已经达到了75%。

电脑进入家庭

现代计算机用硅芯片或者集成电路代替了早期机械电子计算机的真空管。电路中所需要的元件和连接电路都可以被放置在只有儿童指甲盖大小的一块硅制芯片上。芯片被放入带支架的机箱中，里面还装配着其他计算机硬件和电气线路。1971 年，美国工程师佛德利克·法金、特德·霍夫和斯坦·麦卓尔发明了微处理器，一台计算机的主要部分都被放置在了一块硅片上，它将成为个人计算机的“大脑”。1977 年，第一台个人计算机“苹果Ⅱ”在美国问世，自此，计算机正式进入人类的日常生活。

时间和事件

1970 年

中国发射“东方红 1 号”人造地球卫星。

1971 年

美国的凯汀和海弗尔携带原子钟环绕地球飞行 80 小时，证明了时间的相对性。

1973 年

历时 14 年时间才建成的澳大利亚悉尼歌剧院对外开放。

1976 年

第一架“协和式”超音速客机开始穿越大西洋的飞行。

1979 年

玛格丽特·撒切尔成为英国第一位女首相。

人类创造了什么？

个人电脑

发明和发现

微处理器

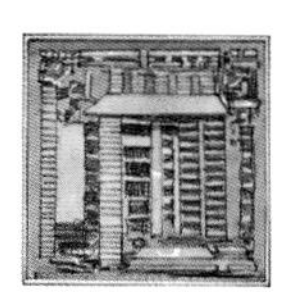

1971年，微处理器出现。它把计算机的中央处理器（CPU）压缩在了一块微型硅片上。

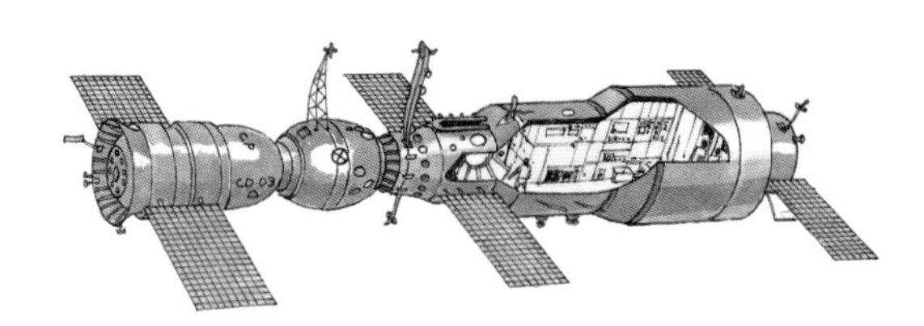

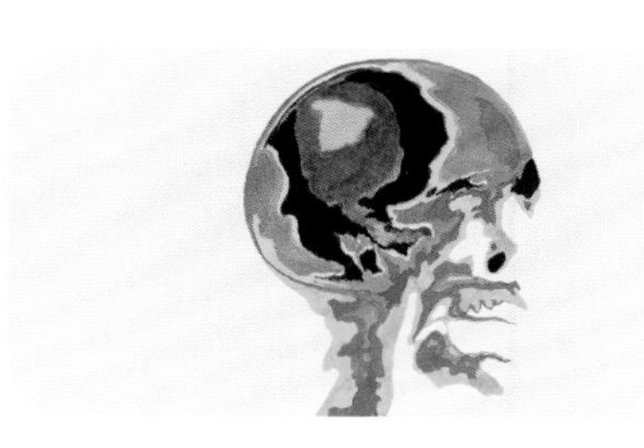

空间站

1971年，第一个空间站——苏联的“礼炮1号”发射升空，在返回地球的途中，所有机组人员因为太空舱漏气窒息而死。

CAT扫描仪

1972年，第一台CAT扫描仪问世。CAT（计算机X射线轴向分层造影）是利用X射线对人体进行三维分段扫描。有了它，医生可以判断人体内是否存在肿瘤，以及肿瘤在体内的深度。CAT扫描比普通X射线扫描能提供更多的信息。

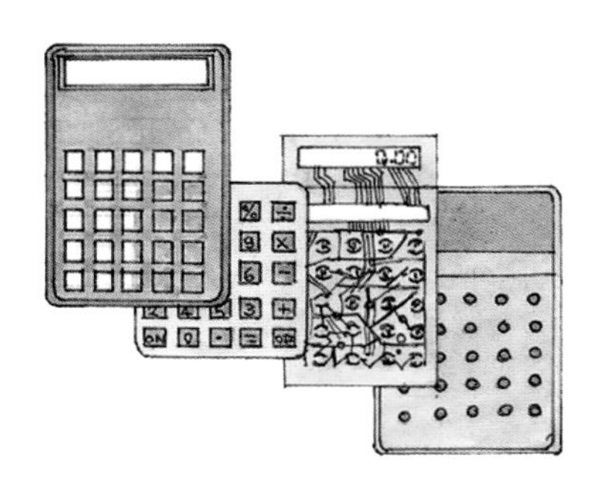

试管婴儿

1978年，第一个试管婴儿出生。

游戏机

1972年，价格低廉、体积不大的计算机设备引发了新潮流，很多新产品被研发问世，如电子游戏机、袖珍计算器等。

电子游戏

1978年，《太空侵略者》在继1972年发布的第一款商业电子游戏《乒乓》之后，成为最受欢迎的电子游戏。

随身听

1979年，索尼随身听是市场上第一台个人音响设备。它是一种带有轻便耳机的小型盒式磁带播放器，给人们提供了在旅途中享受音乐的机会。

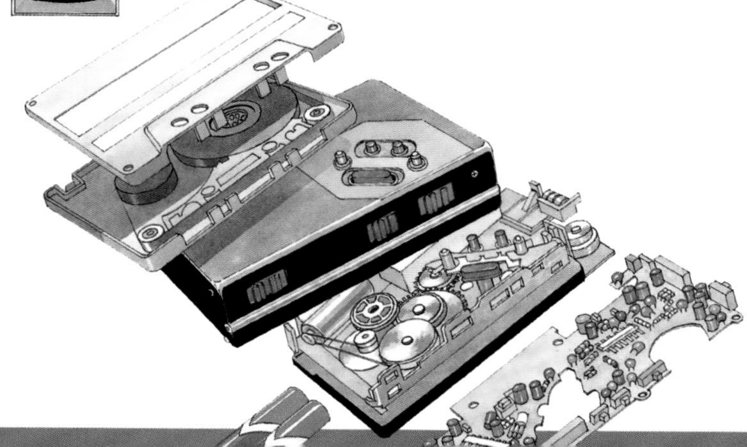

发明家

史蒂夫·乔布斯

（1955—2011）

美国的史蒂夫·乔布斯是苹果电脑公司的创始人之一，他还创办了NeXT软件公司和皮克斯动画工作室。

比尔·盖茨

在家用计算机市场迅速扩大的时候，比尔·盖茨还是个学生，但他意识到了人们对软件的需求。在卖掉自己编写的一套程序之后，盖茨就离开哈佛大学，成立了微软公司。

人类的新疆域

美国航天飞机于1981年首次升空。但是在1986年，公众对精密技术的信心被两起重大事故摧毁。1986年1月28日，美国“挑战者号”航天飞机在升空后不久爆炸。同年4月26日，苏联的切尔诺贝利核电站爆炸，爆炸后核辐射的影响扩散到整个欧洲，影响至今。其他国家的核能项目因此被缩减或叫停。

欧洲航天局于1983年发射了太空实验室。由于太空实验室造价昂贵，相比之下，科学家们认为无人卫星更有价值。美国直到1988年才恢复载人航天计划。

人类创造了什么？

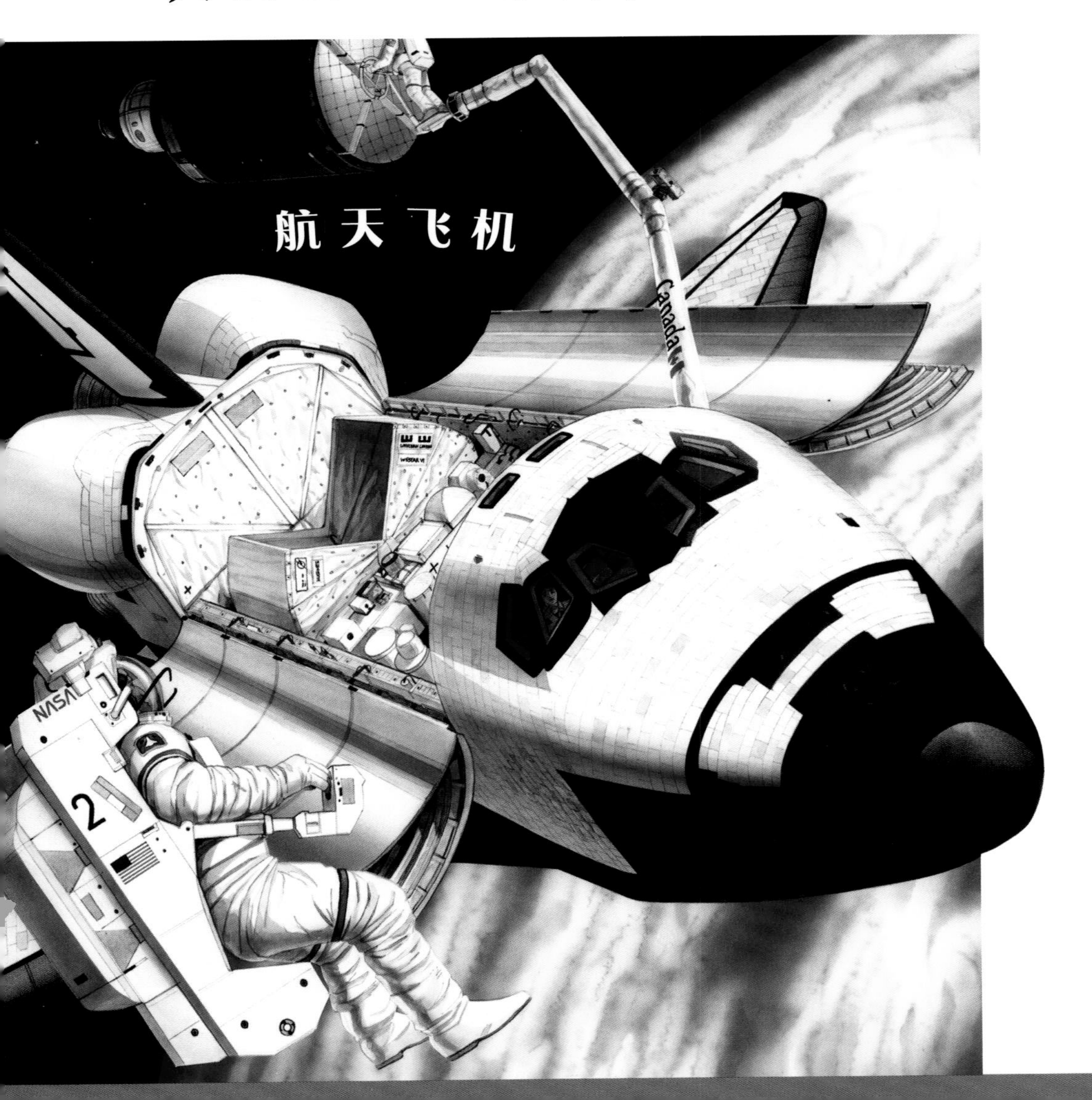

航天飞机

时间和事件

1980年

在美国，第一个转基因动物诞生。它是小老鼠，长大后比正常老鼠大了一倍。制备转基因动物的基本目的是要改变动物的某些遗传性状，以得到具有经济价值或科研价值的动物品系。

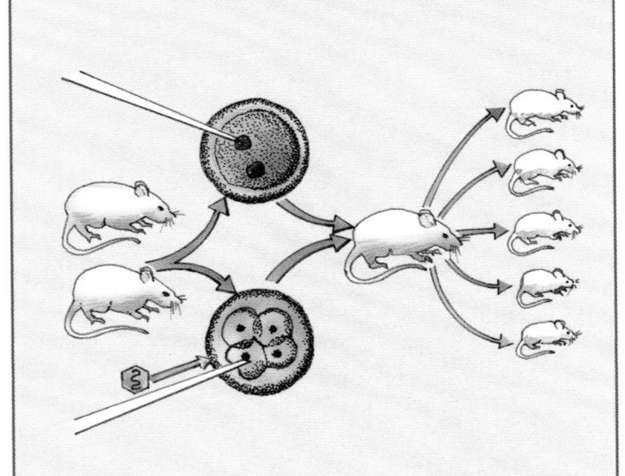

20世纪80年代

文字处理程序问世，个人电脑取代了打字机。个人电脑还可以用来玩电子游戏。

20世纪80年代

在德国，为了提高运输速度，磁悬浮列车应运而生。

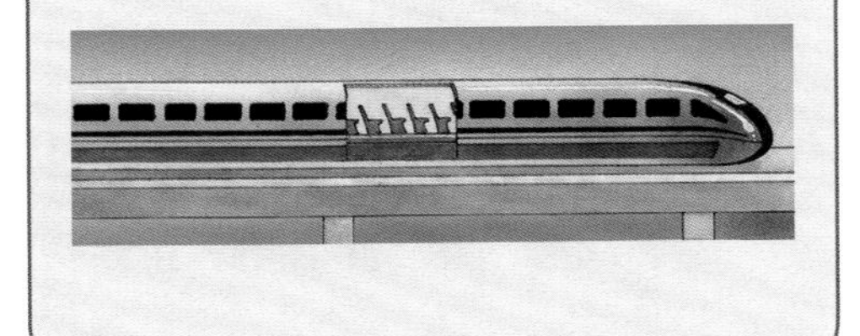

发明和发现

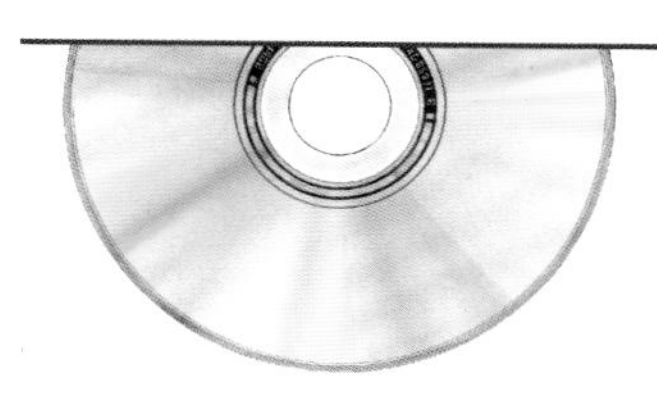

光盘

1980 年，第一张光盘问世，它不像黑胶唱片那样易被刮擦。

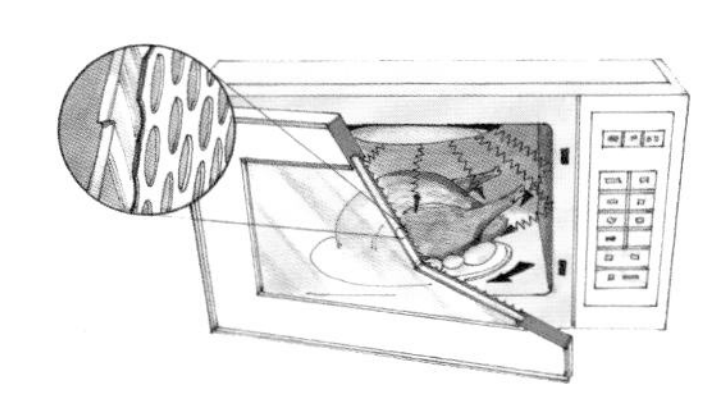

微波炉

20 世纪 70 年代，微波炉开始用高能量的无线电波烹调食物。

机器人生产线

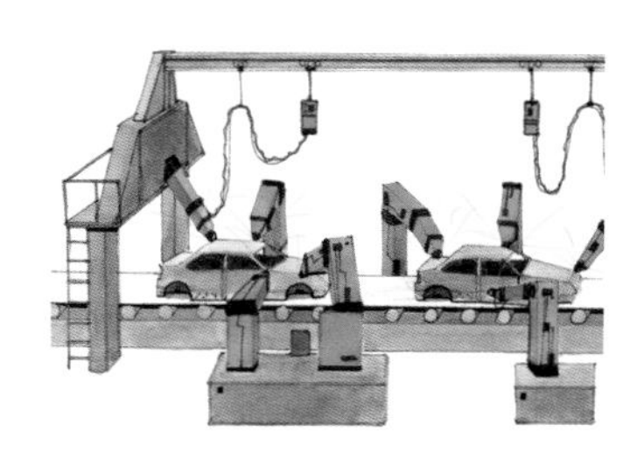

20 世纪 80 年代，廉价的计算机劳动力被用于制造业，机器人生产线变得越来越普遍。机器人可以焊接车身并喷涂油漆，越来越多的多功能机器人可以执行简单的组装任务。现代化生产线都用机器人，每个机器人都被设定了不同的程序，执行不同的工作任务。

移动电话

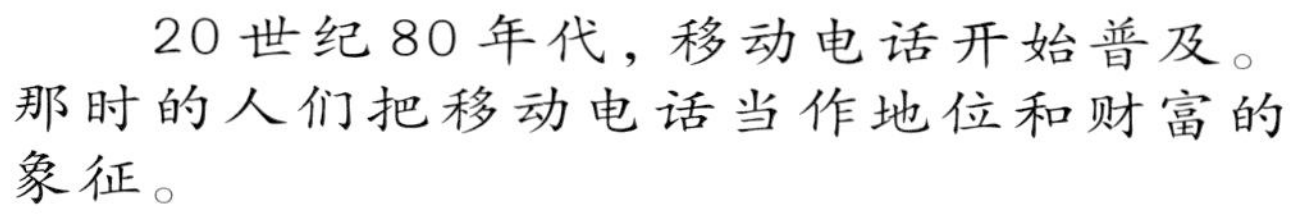

20 世纪 80 年代，移动电话开始普及。那时的人们把移动电话当作地位和财富的象征。

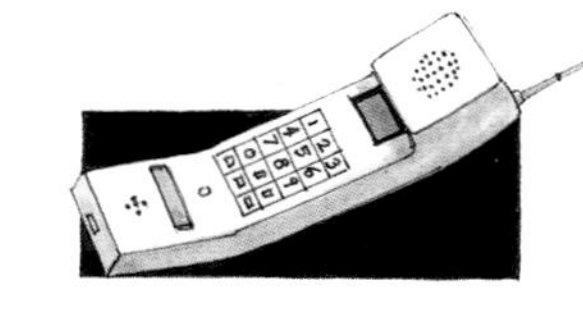

传真机

20 世纪 80 年代，使用微处理器的传真机出现，但直到互联网用固定的标准将不同的品牌匹配起来之后，它们才被广泛应用。

摄录机

1985 年，更小、更轻的“视频 8 号”系统问世以后，摄录机变得流行起来。

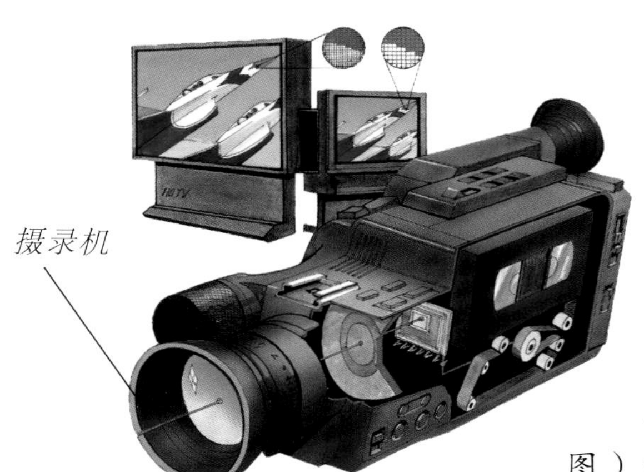

数字录音带

1987 年，数字录音带（上图）的使用提高了录音质量。

发明家

格特鲁德·埃利恩

（1918—1999）

美国人格特鲁德·埃利恩改变了医学和药物制造业。1954 年，她为一种治疗白血病的药物申请了专利，这种药物使 80% 的白血病患儿活了下来。她还发明了一种能帮助身体接受移植器官的药物。1983 年，埃利恩开发出了世界上第一种抗病毒的药物，它奠定了艾滋病防护药（ZAT）的基础，在艾滋病治疗中成为至关重要的药物。身为一个女人，在一个以男性为主导的领域中，埃利恩在初级职位上做了几十年的研究工作，然后才获得研究员职位。1988 年，她和她的同事乔治·希青斯一起获得了诺贝尔奖。

帕特丽夏·巴斯

1988 年，眼科医生帕特丽夏·巴斯发明了用于快速无痛消除白内障的激光器，这让她成为第一个获得医学发明专利的非裔美国女性。巴斯的发明改变了眼科手术，使白内障的治疗更加精确。此后，巴斯一直致力于这方面的研究，将帮助盲人恢复视力的工作进行了 30 多年。

互联网时代

想看看世界发生了什么吗？登录互联网，启动一个搜索引擎，输入一个关键词，你就会得到成千上万条线索或答案。在网上，你可以搜索一切，新闻、购物、娱乐和旅行……所有你能想到的和想不到的都有。互联网已经成为21世纪的大众媒体。有了互联网，无论你身处地球上的哪个角落，都不会被时间、空间或者长途电话费所限制。

时间和事件

1991年

互联网正式亮相。在之后的5年内，互联网用户从60万人飙升到4000万人。

1992年

第一届联合国环境与发展大会在巴西里约热内卢举行。

1993年

欧洲联盟成立。

1994年

连接英国和法国的海底隧道开通。

1997年

东南亚爆发金融危机。

1998年

直接破坏计算机系统硬件的病毒CIH首次在全球发作。

人类创造了什么？
互联网

互联网是通过超文本传送协议（http）来完成的，http是一种在互联网上能够连接所有电子文件的代码。这可以让你在网页之间轻松跳转。每个页面都有独一无二的地址，也可以叫作全球资源定位器（URL）。网页是用一种叫作超文本标记语言（HTML）的计算机语言编写的，它还能将你的计算机链接到其他页面。你可以使用浏览器软件浏览网页。输入网页地址，浏览器会将网页从网页存放站点的网络服务器中传送到你的屏幕上。

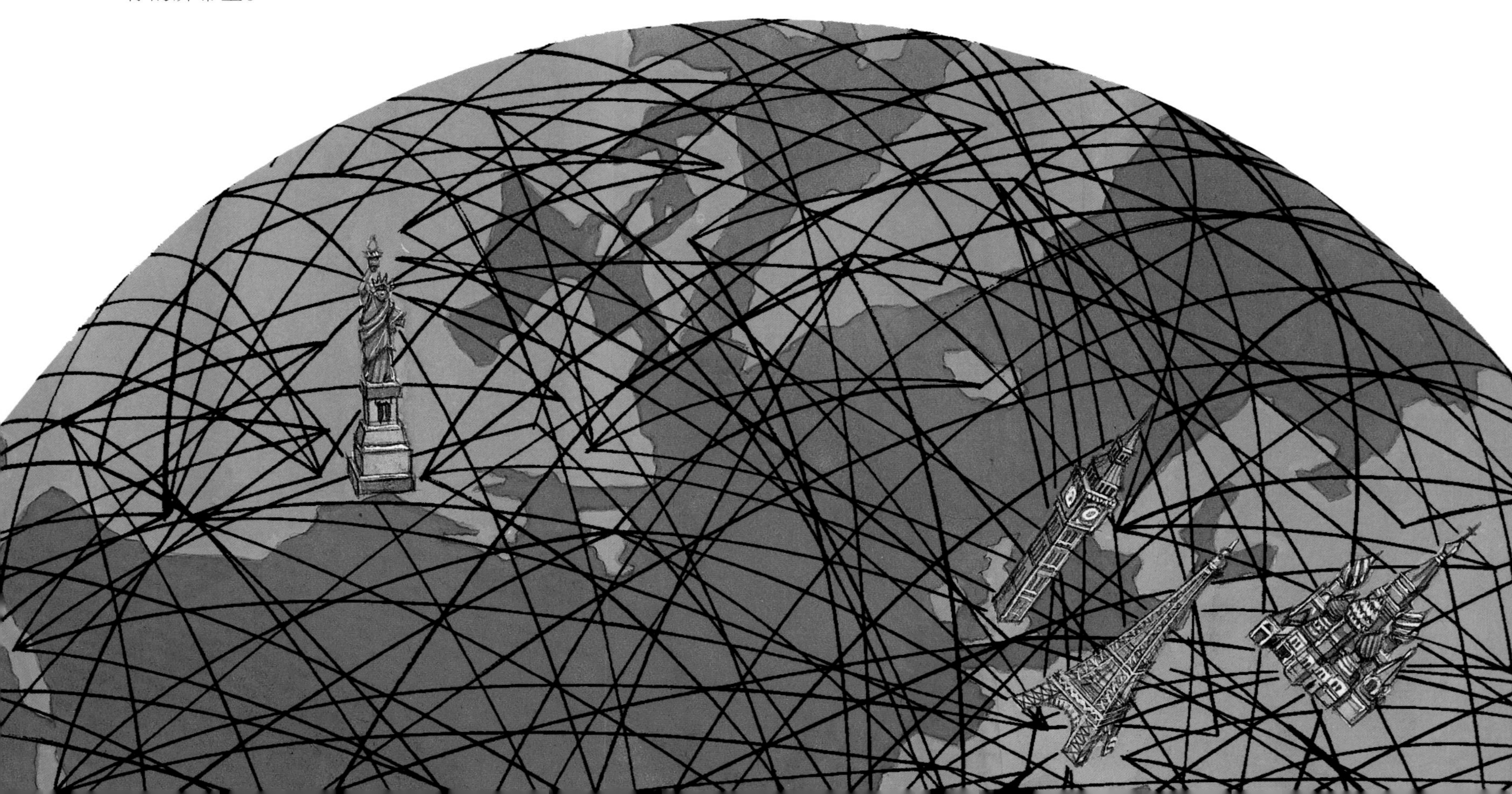

虚拟游戏

1991年，虚拟现实世界的游戏出现。视频头盔把玩家带到一个如现实生活般真实的声音和图像世界中。

催化式排气净化器

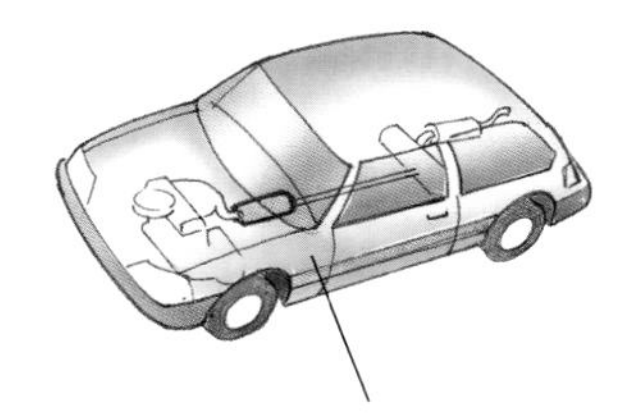

汽车里的催化式排气净化器

人们对环境的关注度越来越高。把催化式排气净化器放进汽车里，就不用往汽油里加入有害物质铅了。

DNA指纹技术

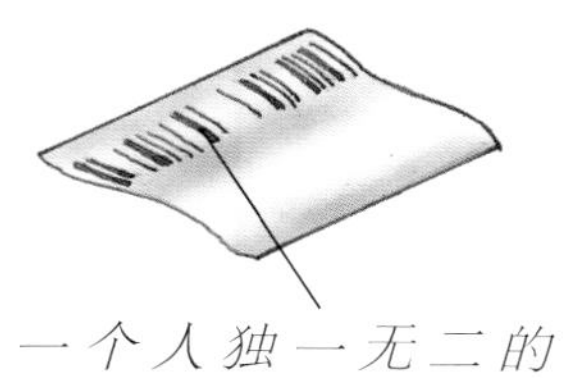

一个人独一无二的DNA指纹图

DNA指纹技术是在20世纪80年代发展起来的，它将DNA样本转化为每一个人特有的样式。

太阳能

太阳能发电站可以收集足够的能源供应一个小城镇。这是化石燃料的一种可替代品。

风能

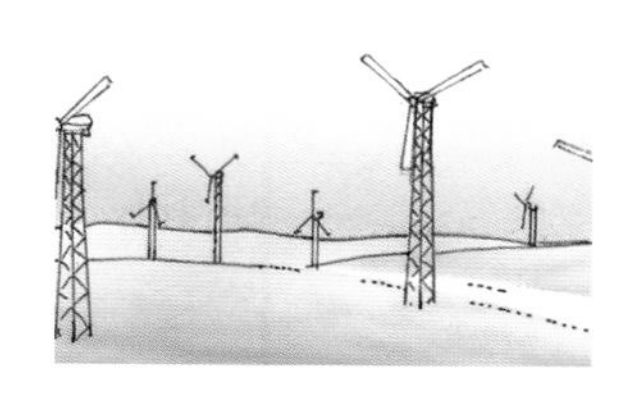

风力发电无污染，但风力发电厂需要具备相当大的规模才能产生足够多的能源。

波浪能

波浪涌进驳船

发电机

波浪能是煤炭和石油的另一种替代能源。波浪的运动驱动驳船上的发电机产生能源。

纳米机器人

这是医学的未来吗？纳米机器人（下图）用微小的手术工具进行微型手术。它们可以向人体内的细胞输送药物，或者清除人体内的毒素。病人体内有个微小的交流盘，交流盘向医生传递数据。

发明家

克里斯蒂娜·霍莉

美国人克里斯蒂娜·霍莉研制出世界上第一张由计算机生成的全彩反射全息图。她还和别人合作开发了一个头部有视觉功能的机器人和航天飞机主发动机上的机器人跟踪系统。1992年，她发明了商业条形码扫描器。另外，霍莉还发明了第一个基于“视窗”操作系统的能接听电话、语音邮件和传真的电脑电话软件。

蒂姆·伯纳斯·李

蒂姆·伯纳斯·李把一个强大的通信系统变成了大众传媒。不管互联网的发展如何成功，美国人蒂姆·伯纳斯·李都选择非营利的道路。他一直致力于保护网络的开放性和所有用户的自由，而他的许多同事都成了互联网百万富翁。伯纳斯·李发明了万维网，作为万维网联盟的执行官，他帮助软件公司就公开发布的协议达成一致，而不是通过拒绝新技术来阻碍彼此进步。

进入 21 世纪

进入 21 世纪，人类的科技进步令人叹为观止。2000 年，美国和俄罗斯的宇航员成为第一批居住在国际空间站的长期房客。国际空间站在哈萨克斯坦上空 384 千米的绕地轨道上运行着，宇航员们在零重力的环境下进行各种研究。在地球上，科学家们发现了如何用捐赠者细胞中的细胞核替换卵子中的细胞核，从而诞生出和捐赠者的细胞核完全一样的胚胎的方法，这就是克隆技术。

克隆引发了前所未有的巨大争议：有些人觉得它贬低了生命的价值，希望它被禁止；有些人认为它可以通过制造与捐献者 100% 匹配的器官来挽救生命。

时间和事件

2000 年

第一批国际空间站的长期住户进驻国际空间站。火星探测器"全球勘测者号"发回的图片证明：火星在过去的某段时期曾存在过水。

2002 年

南极洲的拉森 B 冰架倒塌。这是 1 万年以来，冰架坍塌面积首次超过 3200 平方千米。

2004 年

印度洋海底发生的强烈地震引发海啸，毁坏了泰国、印度尼西亚、斯里兰卡和印度多个国家的海岸线，造成 20 多万人死亡。

2005 年

中国"神舟六号"载人飞船发射升空。

2008 年

中国"神舟七号"载人飞船搭载 3 名宇航员顺利升空，并且完成了中国人首次太空行走，使得中国成为继俄罗斯和美国之后第三个进行太空行走的国家。

2013 年

中国"嫦娥三号"成功登陆月球，并用搭载的"玉兔号"月球车进行探月试验。

人类创造了什么？
组织工程学

研究人员将一种带有软骨细胞的生物材料支架植入一只小老鼠背部。当老鼠的生理组织滋养着耳朵时，软骨不断生长，并逐渐取代了涤纶纤维。科学家们希望这项被称为"组织工程"的新技术，有朝一日能帮助他们培养用于移植的人体外部器官和内部器官。

移动通讯技术

移动通信技术不断迭代升级，经过1G、2G、3G、4G的发展，目前已迈入第五代移动通信技术（5G）。

人体干细胞分离

美国人安·冢本拥有分离人类干细胞专利。干细胞在骨髓中生长，是产生红细胞和白细胞的基础。了解它们是如何生长的以及培养繁殖它们的方法，已成为癌症研究的关键。安·冢本的工作在了解癌症患者的血液循环系统方面取得了重大进展。

克隆

2001年，治疗性克隆研究在英国合法化。1997年，来自苏格兰罗斯林研究所的英国胚胎学家伊恩·维尔穆特成功克隆出第一只哺乳动物——名叫“多莉”的小绵羊。

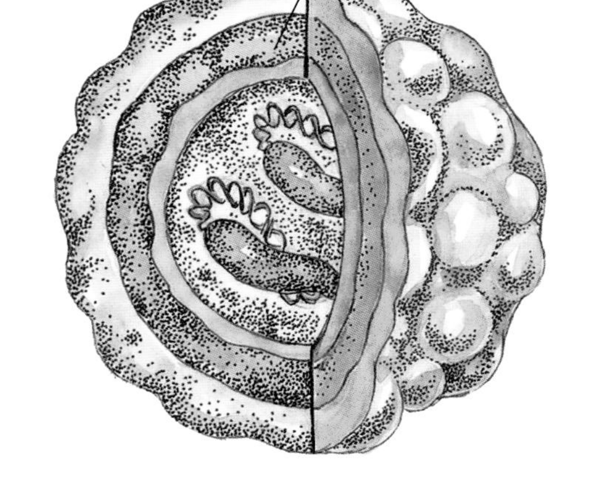

闭路电视监控设备

2001年，在“9·11”事件发生之后，全世界的人都变得更加有安全意识，现在大多数城镇都安装了闭路电视监控设备。

智能手机

进入21世纪，集通话、储存信息、上网、影视娱乐于一体的智能手机成为人们生活中不可或缺的手持终端设备。

生物识别技术

生物识别技术是利用人的指纹、声音、脸孔、视网膜、掌纹、骨架等生物特征核对或确认人的身份。此技术在门禁、楼宇监控、计算机、网络等领域得到了广泛的应用。

空中客车A380

2004年，世界上最大的商业客机——空中客车A380亮相。它是拥有双甲板和4个通道的“巨无霸”，可以搭载555名乘客。

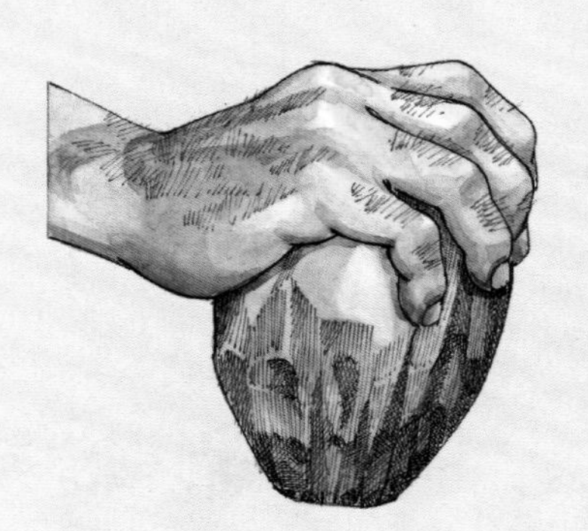